自动控制系统及仿真技术

主　编　陈　楠
副主编　包献文　朱　曦　李林杰

U0213672

航空工业出版社
北　京

内 容 提 要

本书阐述了自动控制的基本原理和应用。全书共 6 章，前 5 章着重介绍了经典控制理论的主要方面，第 6 章介绍了 MATLAB 仿真实验，通过实例验证控制系统的特点、系统组成、性能要求与调试方法等，是对本书前 5 章理论知识的综合应用。

本书在控制理论、工程应用及 MATLAB 仿真方面具有系统性，可作为高等工科院校电气自动化、机电一体化技术、机械制造与自动化等专业 56~64 学时的教学用书，也可作为成人高校、职工大学等相近专业的学习用书，并可供从事自动化技术的工程技术人员参考。

图书在版编目（C I P）数据

自动控制系统及仿真技术／陈楠主编．--北京：
航空工业出版社，2023.10
ISBN 978-7-5165-3347-5

Ⅰ.①自⋯ Ⅱ.①陈⋯ Ⅲ.①自动控制系统—仿真系统—教材 Ⅳ.①TP273

中国国家版本馆 CIP 数据核字（2023）第 072600 号

自动控制系统及仿真技术
Zidong Kongzhi Xitong ji Fangzhen Jishu

航空工业出版社出版发行
（北京市朝阳区京顺路 5 号曙光大厦 C 座四层 100028）
发行部电话：010-85672675 010-85672678

北京富泰印刷有限责任公司印刷 全国各地新华书店经售
2023 年 10 月第 1 版 2023 年 10 月第 1 次印刷
开本：787×1092 1/16 字数：287 千字
印张：11.25 定价：42.00 元

前　言

自动控制技术在改善生活质量、探索未知世界、提高国防实力等方面发挥着越来越重要的作用。在今天的社会生活中，自动控制技术的应用几乎无所不在。从航空航天、电气、机械、化工、生物工程到经济管理，自动控制理论和技术已经渗入到许多学科，渗透到各个应用领域。

本书全面系统地介绍了有关经典控制理论的基本内容、案例和仿真方法，包括自动控制系统的基本概念、控制系统的建模、控制系统的时域分析法、控制系统的频率响应法、控制系统的校正。为了科学地验证理论内容，在每章都列举了一定数量的 MATLAB 具体应用实例，并在最后一章系统地给出了应用 MATLAB 软件技术进行的仿真实验。

本书由北京电子科技职业学院陈楠担任主编，北京电子科技职业学院包献文、西门子（中国）有限公司朱曦和北京电子科技职业学院李林杰担任副主编。具体编写分工如下：陈楠编写第 1 章至第 3 章，约 11.5 万字；李林杰编写第 4 章，约 4.5 万字；包献文编写第 5 章，约 4.6 万字；朱曦编写第 6 章，约 6.2 万字。在本书的编著过程中，还参考和借鉴了大量的同类教材，部分资料和图片来自互联网，在此深致谢忱。

由于编者水平有限，对于本书存在的疏漏和不妥之处，敬请广大读者不吝指正。

编　者
2023 年 4 月

目　录

第 1 章
自动控制系统导论

✦ 学习目标：

能正确判断自动控制系统的控制目的和控制装置，找到其被控对象、被控量、执行机构。

能将自动控制系统的原理图绘制成系统组成框图，并对系统的基本工作原理进行分析。

能区分常用的自动控制分类方式，掌握各类别的含义和信息特征。

能正确理解三大性能指标的含义。

✦ 知识要点：

自动控制系统的分类。

自动控制系统的基本组成。

自动控制系统的基本要求。

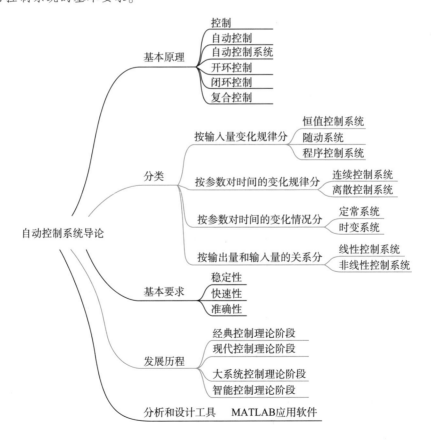

1.1 自动控制系统的基本原理

工业现代化的基础是工业自动化。工业自动化的显著特征是自动控制技术的广泛应用。自动控制技术不仅可以大幅度地提高投入产出比，而且在减轻劳动强度、提高产品质量和降低能源消耗等方面有着不可替代的巨大作用。随着生产和科学技术的发展，自动控制技术还在改善生活质量、探索未知世界、提高国防实力等方面发挥着越来越重要的作用。从最初的机械转速或位置的控制到生产过程中温度、压力或流量的控制，从远洋巨轮到深水潜艇的控制，从飞机自动驾驶、航天飞船的返回控制，再到火星登陆控制，自动控制技术的应用几乎无所不在。从航空航天、电气、机械、化工、生物工程到经济管理，自动控制理论和技术已经渗透到各个应用领域的许多学科。所以许多工程技术人员和科学工作者都希望具备一定的自动控制知识，根据任务需要分析和设计自动控制系统。

1.1.1 自动控制的基本概念

控制就是强制性地改变某些物理量，而使另外某些特定的物理量维持在某种特定的标准上。

如图 1-1 所示，这种人为地强制性地改变进水量，使液面高度 h 维持恒定的过程，即是人工控制过程。人在控制过程中起到的作用包括观测（用眼睛去观测水位指示值）、比较与决策（人脑把观测得到的数据与要求的数据相比较，进行判断，根据给定的控制规律给出控制量）、执行（根据控制量用手具体调节，如调节阀门开度）。

自动控制是指在无人直接参与的情况下，利用控制装置操纵被控对象，使被控量自动地按照期望的规律（给定值或按给定信号的变化规律）去运行或变化。例如，当用控制装置代替图 1-1 中人的作用，即当出水与进水的平衡被破坏时，水箱水位下降（或上升），出现偏差，这偏差由浮子检测出来，自动控制器在偏差的作用下，控制阀门开大（或关小），对偏差进行修正，从而保持液面高度不变，如图 1-2 所示。

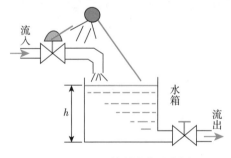

图 1-1　人工控制水位示意图

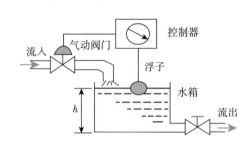

图 1-2　自动控制水位示意图

通常，我们取出输出量送回到输入端，并与输入信号相比较产生偏差信号的过程，称为反馈。若反馈的信号是与输入信号相减，使产生的偏差越来越小，则称为负反馈；反之，则称为正反馈。反馈控制就是采用负反馈并利用偏差进行控制的过程，而且，由于引入了被控量的反馈信息，整个控制过程成为闭合过程，因此反馈控制也称闭环控制。在工程实践中，为了实现对被控对象的反馈控制，系统中必须配置具有人的眼睛、大脑和手臂功能的设备，以便用来对被控量进行连续的测量、反馈和比较，并按偏差进行控制。这些设备依其功能分别称为测量元件、比较元件和执行元件，并统称为控制装置。为了完成各种复杂的控制任务，要将被控对象和控制装置按照一定的方式连接起来，组成一个有机总体，这就是自动控制系统。其中，被控对象指需要给以控制的机器、设备或生产过程，它是控制系统的主体，如火箭、锅炉、机器人、电冰箱等。

1.1.2 自动控制系统的组成框图

在实践中，要对某个自动控制系统进行分析与调试，首先必须了解这个自动控制系统是如何工作的，也就是要了解这个自动控制系统大致的工作原理。而要完成这个任务，了解自动控制系统由哪些相互关联的部件或装置组成就成为对自动控制系统进行分析的一个步骤。早期的自动控制系统由于其组成部件的结构简单，所以对它的分析总是可以借助于系统本身的原理示意图来进行。但是随着生产技术和自动控制技术的不断发展，现代自动控制系统的内部关联部件及组成结构也变得愈来愈复杂，单凭原理示意图，已不足以帮助人们分析并设计出一个现代的自动控制系统。因此，建立一种有助于了解自动控制系统工作原理的图形化模式，即系统组成框图，就成为应用自动控制理论分析实际自动控制系统的重要一步。要画出一个实际自动控制系统的系统组成框图，就必须首先明确控制的目的是什么，这样有助于分析者找到被控对象及被控量（输出量）；其次明确控制装置是什么，这样有助于分析者找到控制量及执行控制过程的执行元件或驱动装置；最后明确被控量与控制量之间是否存在关联，这样有助于分析者找到反馈装置及反馈量。在明确以上问题，并得到系统组成框图的基础上，可以进一步分析系统输入量与反馈量之间的比较关系，从而确定其反馈类型。

例 1-1 建立如图 1-2 所示的水位控制系统的组成框图。

解：①控制的目的：保持水箱中水位恒定。

被控对象（物理实体）：水箱。

被控量（物理量）：水位。

②控制装置：控制器和气动阀门。

执行机构：阀门。

③被控量与控制量之间是否存在关联：存在。

反馈量：水位。

水位控制系统的组成框图如图 1-3 所示。

图 1-3 自动水位控制系统组成框图

控制系统是由各种结构不同的元部件组成的。从完成"自动控制"这一职能来看，一个系统必然包含被控对象和控制装置两大部分，而控制装置是由具有一定职能的各种基本元件组成的。在不同系统中，结构完全不同的元部件却可以具有相同的职能，因此，将组成系统的元部件按职能分类主要有以下几种：

①测量元件：其职能是检测被控制的物理量，如果这个物理量是非电量，一般要再转换为电量。例如，测速发电机用于检测电动机轴的转速并转换为电压，电位器、旋转变压器或自整角机用于检测角度并转换为电压，热电偶用于检测温度并转换为电压等。

②给定元件：其职能是给出与期望的被控量相对应的系统输入量。

③比较元件：其职能是把测量元件检测的被控量实际值与给定元件给出的输入量进行比较，求出它们之间的偏差。常用的比较元件有差动放大器、机械差动装置、电桥电路等。

④放大元件：其职能是将比较元件给出的偏差信号进行放大，用来推动执行元件去控制被控对象。

⑤执行元件：其职能是直接推动被控对象，使其被控量发生变化。用来作为执行元件的有阀、电动机、液压马达等。

⑥校正元件：也叫补偿元件，它是结构或参数便于调整的元部件，用串联或反馈的方式连接在系统中，以改善系统的性能。最简单的校正元件是由电阻、电容组成的无源或有源网络，复杂的则用电子计算机。

一个典型的反馈控制系统基本组成框图可用图 1-4 表示。图中，用"$\otimes$"代表比较元件，它将测量元件检测到的被控量与输入量进行比较，"-"号表示两者符号相反，即负反馈；"+"号表示两者符号相同，即正反馈。信号从输入端沿箭头方向到达输出端的传输通路称前向通路；系统输出量经测量元件反馈到输入端的传输通路称主反馈通路。前向通路与主反馈通路共同构成主回路。此外，还有局部反馈通路以及由它构成的内回路。只包含一个主反馈通路的系统称单回路系统；有两个或两个以上反馈通路的系统称多回路系统。

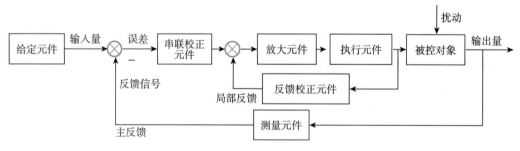

图 1-4　反馈控制系统基本组成框图

一般地，加到反馈控制系统上的外作用有两种类型：一种是有用输入，另一种是扰动。有用输入决定系统被控量的变化规律；而扰动是系统不希望有的外作用，它破坏有用输入对系统的控制。在实际系统中，扰动总是不可避免的，而且它可以作用于系统中的任何元部件上，也可能一个系统同时受到几种扰动作用。电源电压的波动，环境温度、压力以及负载的变化，飞行中气流的冲击，航海中的波浪等，都是现实中存在的扰动。

输入量：作用于控制系统输入端，并可使系统具有预定功能或预定输出的物理量。

输出量：位于控制系统输出端，并要求实现自动控制的物理量。

扰动量：破坏系统输入量和输出量之间预定规律的信号。

组成框图的元素包括：

① □ ：元件。

② ⟶ ：信号（物理量）及传递方向。

③ ⊗ ：比较点（信号叠加）。

④ ⊤ ：引出点（分支、信号强度）。

⑤ +/- ：正/负反馈。

1.1.3 自动控制系统的基本控制方式

（1）开环控制

开环控制系统是指无被控量反馈的控制系统，即需要控制的是被控对象的某一量（被控量），而测量的只是给定信号，被控量对于控制作用没有任何影响的系统。其组成框图如图1-5所示。

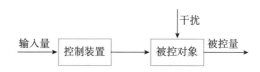

图1-5 开环控制系统组成框图

信号由给定值至被控量单向传递。这种控制较简单，但有较大的缺陷，即被控对象或控制装置受到干扰，或工作中特性参数发生变化，会直接影响被控量，而无法自动补偿。因此，系统的控制精度难以保证。从另一种意义理解，意味着对被控对象和其他控制元件的技术要求较高。如数控线切割机进给系统、包装机等多为开环控制。

如图1-6所示为一驱动盘片匀速旋转的转台速度开环控制系统的原理图，这种系统在CD机、计算机磁盘驱动器等许多现代装置中广泛应用。该系统利用电位器提供与预期速度成比例的电压，功率放大器将给定信号进行功率放大后，用来驱动直流电动机。作为执行机构，直流电动机的转速与加在其电枢上的电压成比例。系统的组成框图如图1-7所示，系统的被控量（实际速度）没有反馈到直流电动机的输入端与给定量（预期速度）进行比较，即被控量不对系统产生控制作用，故属开环控制系统。这种转台需要保持恒定的转速，但电动机或放大器受到的任何扰动，如电网电压的波动、环境温度变化引起的放大系数的变动等都会引起速度的改变，而这种变化未能被反馈至控制装置并影响控制过程，因此，系统无法克服由此产生的速度偏差。

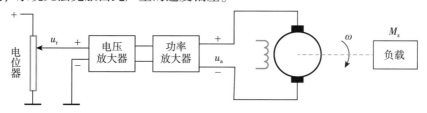

图1-6 转台速度开环控制系统原理图

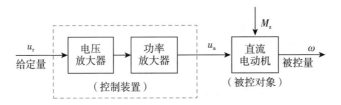

图 1-7　转台速度开环控制系统组成框图

（2）闭环控制

闭环控制的定义是有被控量反馈的控制，其系统组成框图如图 1-8 所示。从系统中信号流向看，系统的输出信号沿反馈通路又回到系统的输入端，构成闭合通路，故称闭环控制系统或反馈控制系统。

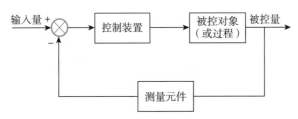

图 1-8　闭环控制系统组成框图

这种控制方式，无论是由于干扰造成，还是由于结构参数的变化引起被控量出现偏差，系统都利用偏差去纠正偏差，故这种控制方式为按偏差调节。闭环控制系统的突出优点是利用偏差来纠正偏差，使系统达到较高的控制精度。但与开环控制系统比较，闭环控制系统的结构比较复杂，构造比较困难。需要指出的是，由于闭环控制存在反馈信号，利用偏差进行控制，如果设计得不好，将会使系统无法正常和稳定地工作。另外，控制系统的精度与系统的稳定性之间也常常存在矛盾。

转台转速负反馈调速系统的闭环控制原理图如图 1-9 所示，系统的组成框图如图 1-10 所示。在此系统中，测速发电机是一种传感器，它能提供与转速成比例的电压信号。偏差电压信号是由对预期速度的给定电压与代表实际速度的测速发电机反馈电压比较相减后得到的。当预期速度为定值，而实际速度受扰动的影响发生变化时，偏差电压也会随之变化。通过对系统的调节，可以使实际速度接近或等于预期速度，从而抵御扰动对速度的影响，提高系统的控制精度。

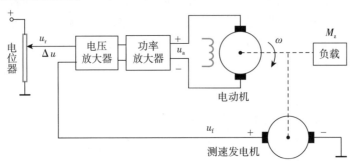

图 1-9　转台转速负反馈调速系统闭环控制原理图

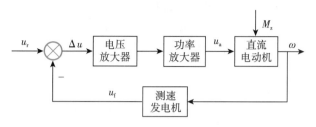

图 1-10 转台转速负反馈调速系统闭环控制组成框图

（3）复合控制

开环控制和闭环控制方式各有优缺点，在实际工程中应根据工程要求及具体情况来决定如何选择。如果事先预知输入量的变化规律，又不存在外部和内部参数的变化，则采用开环控制较好。如果对系统外部干扰无法预测，系统内部参数又经常变化，为保证控制精度，采用闭环控制则更为合适。如果对系统的性能要求比较高，为了解决闭环控制精度与稳定性之间的矛盾，可以采用开环控制与闭环控制相结合的复合控制系统，其组成框图如图 1-11 所示。

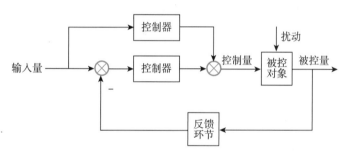

图 1-11 复合控制系统组成框图

1.2 自动控制系统的分类

自动控制系统有多种分类方法。在工程实际中可以按照不同角度对自动控制系统进行分类。了解自动控制系统的分类对于掌握其工作原理和设计方法很有必要。

1.2.1 按输入量变化的规律分类

（1）恒值控制系统

恒值控制系统的特点是：控制系统的输入量是恒量，并且要求系统的输出量相应地保持恒定。这类控制系统的输入量是一个常值，要求被控量亦等于一个常值，故又称为调节器。但由于扰动的影响，被控量会偏离输入量而出现偏差，控制系统便根据偏差产生控制作用，以克服扰动的影响，使被控量恢复到给定的常值。因此，恒值控制系统分析、设计的重点是研究各种扰动对被控对象的影响以及抗扰动的措施。在恒值控制系统中，输入量可以随生成条件的变化而改变，但是，一经调整后，被控量就应与调整好的输入量保持一致。刨床速度控制系统就是一种恒值控制系统。此外，还有温度控制系统、压力控制系统、液位控制系统等。在工业控制中，如果被控量是温度、流量、压力、液位等生产过程参量时，这种控制系统则称为过程控制系统，它们大多数都属于恒值控制系统。

（2）随动系统

随动系统的特点是：输入量是变化的（有时是随机的），并且要求系统的输出量能跟随输入量的变化而相应变化。随动系统在工业和国防上有着极为广泛的应用，如船闸牵曳系统、机床刀架系统、雷达导引系统及机器人控制系统等。这类控制系统要求被控量以尽可能小的误差跟随输入量的变化，故又称为跟踪系统。在随动系统中，扰动的影响是次要的，系统分析、设计的重点是研究被控量跟随的快速性和准确性。函数记录仪便是典型的随动系统。在随动系统中，如果被控量是机械位置或其导数时，这类系统称为伺服系统。

（3）程序控制系统

程序控制系统的特点是：输入量是按预定规律随时间变化的函数，要求被控量迅速、准确地加以复现。机械加工使用的数字程序控制机床便是一例。程序控制系统和随动系统的输入量都是时间函数，不同之处在于前者是已知的时间函数，后者则是未知的任意时间函数，而恒值控制系统也可视为程序控制系统的特例。

1.2.2　按系统中的参数对时间的变化规律分类

（1）连续控制系统

连续控制系统的特点是：各元件的输入量与输出量都是连续量或模拟量，所以它又称为模拟控制系统。连续控制系统的运动规律通常可以用微分方程来描述。

（2）离散控制系统

离散控制系统是指系统的某处或多处的信号为脉冲序列或数码形式，因而信号在时间上是离散的。连续信号经过采样开关的采样就可以转换成离散信号。一般地，在离散系统中既有连续的模拟信号，也有离散的数字信号，因此离散系统要用差分方程描述。工业计算机控制系统就是典型的离散系统，如炉温微机控制系统等。

1.2.3　按系统中的参数对时间的变化情况分类

（1）定常系统

定常系统的特点是：系统的全部参数不随时间变化，用定常微分方程来描述。

严格地说，没有一个物理系统是定常的，例如，系统的特性或参数会由于元件的老化或其他原因而随时间变化，引起模型中方程的系数发生变化。然而，如果在所考察的时间间隔内，其参数的变化相对于系统运动的变化要缓慢得多，则这个物理系统就可以看作是定常的。实际生活中遇到的绝大多数系统都属于（或基本属于）这一类系统。

（2）时变系统

时变系统的特点是：系统中有的参数是时间的函数，它随时间变化而改变。例如，宇宙飞船控制系统就是时变控制系统，宇宙飞船飞行过程中，飞船内的燃料质量、飞船所受重力都在发生变化。

时变系统输出响应的波形不仅同输入波形有关，而且也同输入信号加入的时刻有关。这一特点增加了分析和研究的复杂性。时变系统的运动分析比定常系统要复杂得多。在工程中，应用最广的是冻结参数法，这一方法的实质是在系统工作时间内，分段将时变参数"冻结"为常值，从而可分段地把系统看成定常系统进行研究。通常，冻结参数法只对参数变化比较缓慢的时变系统才有效。对时变系统控制的一个可能的方案是在采用估计器对参数进行在线估计的同时，采用自适应控制系统实现控制。

1.2.4　按输出量和输入量间关系分类

（1）线性控制系统

线性控制系统的特点是：系统全部由线性元件组成，它的输出量与输入量间的关系用线性微分方程来描述。线性控制系统最重要的特性是可以应用叠加原理。叠加原理说明，两个不同的作用量同时作用于系统时的响应，等于两个作用量单独作用时其输出响应的叠加。

（2）非线性控制系统

非线性控制系统：系统中只要有一个元部件的输入-输出特性是非线性的，这类系统就称为非线性控制系统，这时，要用非线性微分（或差分）方程描述其特性。非线性系统不能应用叠加原理，但有一些方法可以将非线性系统处理成线性系统进行近似分析。

当然，除了以上的分类外，还可以根据其他的条件进行分类。

1.3　自动控制系统的基本要求

尽管自动控制系统有不同的类型，对每个系统也都有不同的特殊要求（例如，对恒值控制系统是研究扰动作用引起被控量变化的全过程；对随动系统是研究被控量如何克服扰动影响并跟随输入量变化的全过程），但是，对每一类系统被控量变化全过程提出的共同基本要求都是一样的，且可以归结为稳定性、快速性和准确性，即稳、快、准的要求。

（1）稳定性

对于任何自动控制系统来说，其首要条件必须是这个自动控制系统能稳定地正常运行。不稳定的自动控制系统是无法工作的。所以对于任何自动控制系统而言，稳定性是对其最基本的要求，不稳定的系统不能实现人们所预定或期望的任务，因而是没有工程应用价值的系统。

稳定性是保证控制系统正常工作的先决条件。一个稳定的控制系统，其被控量偏离期望值的初始偏差应随时间的增长逐渐减小并趋于零。对恒值系统来说，它的稳定性要求一般是：当系统受到外部因素影响（扰动量作用）后，自动控制系统能完成自我调整，并在经过一定时间的调整后，系统能够自动回到原来的期望值上。如对于调速控制系统，当电动机所带负载发生变化时，要求调速系统经过调整后，其输出转速能保持不变。而对随动系统而言，其一般要求是：当系统受到外部因素影响或输入量突然发生变化时，自动控制系统的被控量能始终跟踪输入量的变化。如雷达跟踪系统，无论其跟踪的飞机（输入量）是突然加速还是突然转弯，也不论它有没有释放干扰源，都要求雷达能准确跟踪该飞机。

线性自动控制系统的稳定性是由系统结构和参数所决定的，与外界因素无关。这是因为控制系统中一般含有储能元件或惯性元件，如绕组的电感、电枢转动惯量、电炉热容量、物体质量等，储能元件的能量不可能突变，因此，当系统受到扰动或有输入量时，控制过程不会立即完成，而是有一定的延缓，这就使得被控量恢复到期望值或跟踪输入量有一个时间过程，称为过渡过程。例如，在反馈控制系统中，由于被控对象的惯性，会使控制动作不能瞬时纠正被控量的偏差；控制装置的惯性则会使偏差信号不能及时完全转化为控制动作。这样，在控制过程中，当被控量已经回到期望值而使偏差为零时，执行机构本应立即停止工作，但由于控制装置的惯性，控制动作仍继续向原来方向进行，致使被控量超过期望值又产生符号相反的偏差，导致执行机构向相反方向动作，以减小这个新的偏差；当控制动作已经到位时，又由于被控对象的惯性，偏差并未减小为零，因而执行机构继续向原来方向运动，使被控量又产生符号相反的偏差。如此反复进行，致使被控量在期望值附近来回摆动，过渡过程呈现振荡形式。如果这个振荡过程是逐渐减弱的，系统最后可以达到平衡状态，控制目的得以实现，我们称这样的系统为稳定系统；反之，如果振荡过程逐步增强，则称之为不稳定系统。

为了能够从理论上给出自动控制系统是否稳定的一般解释，通常定义如下：对于自动控制系统来说，若它的输入量或扰动量的变化是有界的，输出量也是有界（收敛）的，则这样的自动控制系统就是稳定的；若它的输入量或扰动量的变化是有界的，而它的输出量是无界（发散）的，则这样的自动控制系统就是不稳定的。

在有界的扰动信号作用下，图 1-12 所示系统的输出量经过一定时间的调整后又回到了原来的状态，这种情况就称为收敛，所以它是稳定的系统；而图 1-13 所示系统的输出量经过一段时间的调整后不仅没有回到原始状态，反而其幅值逐渐增大，这种情况就称为发散，所以它是不稳定的系统。

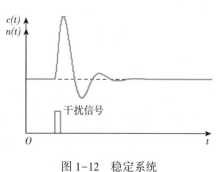

图 1-12　稳定系统　　　　　　　图 1-13　不稳定系统

（2）快速性

为了很好地完成控制任务，控制系统仅仅满足稳定性要求是不够的，还必须对其过渡过程的形式和快慢提出要求，一般称为动态性能。例如，对于稳定的高射炮射角随动系统，虽然炮身最终能跟踪目标，但如果目标变动迅速，而炮身跟踪目标所需过渡过程时间过长，就不可能击中目标。又如，函数记录仪记录输入电压时，如果记录笔移动很慢或摆动幅度过大，不仅使记录曲线失真，而且还会损坏记录笔，或使电气元件承受过电压。因此，对控制系统过渡过程的时间（即快速性）和最大振荡幅度（即超调量）一般都有具体要求。

（3）准确性

理想情况下，当过渡过程结束后，被控量达到的稳态值（即平衡状态）应与期望值一致。但实际上，由于系统结构，外作用形式以及摩擦、间隙等非线性因素的影响，被控量的稳态值与期望值之间会有误差存在，称为稳态误差。稳态误差是衡量控制系统控制精度的重要标志，在技术指标中一般都有具体要求。

1.4 自动控制理论的发展历程

通过了解自动控制理论的发展历程，明确学习自动控制的必要性和重要性。自动控制技术已广泛地应用于手工业、农业、国防、交通运输等各个科学技术领域。尽管自动控制系统种类繁多，结构和用途各异，但它们的基本原理是一样的。自动控制理论是研究自动控制系统组成、进行系统分析设计的一般性理论，是研究自动控制过程共同规律的技术学科。它既是一门古老的、已臻成熟的学科，又是一门正在发展的、具有强大生命力的新兴学科。自动控制理论的发展大致可分为四个阶段：

第一阶段：经典控制理论（或古典控制理论）阶段；

第二阶段：现代控制理论阶段；

第三阶段：大系统控制理论阶段；

第四阶段：智能控制理论阶段。

（1）经典控制理论阶段

闭环的自动控制应用，可以追溯到 1788 年瓦特发明的离心调速器（其原理图见图1-14）。最终形成完整的自动控制理论体系，是在 20 世纪 40 年代末。

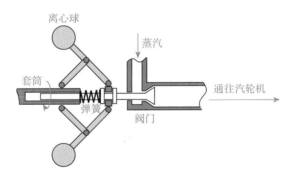

图 1-14 离心调速器原理图

最先被使用的反馈控制装置是希腊人使用的浮子调节器。凯特斯比斯（Kitesibbios）在油灯中使用了浮子调节器以保持油面高度稳定。

19 世纪 60 年代期间是控制系统高速发展的时期，1868 年麦克斯韦尔（J. C. Maxwell）基于微分方程描述从理论上给出了它的稳定性条件。1877 年劳斯（E. J. Routh），1895 年霍尔维茨（A. Hurwitz）分别独立给出了高阶线性系统的稳定性判据；1892 年，李雅普诺夫（A. M. Lyapunov）给出了非线性系统的稳定性判据。在同一时期，维什哥热斯基

（I. A. Vyshnegreskii）也用一种正规的数学理论描述了非线性系统的稳定性判据。

1922 年，米罗斯基（N. Minorsky）给出了位置控制系统的分析，并对 PID（比例-积分-微分）三作用控制给出了控制规律公式。1942 年，齐格勒（J. G. Zigler）和尼科尔斯（N. B. Nichols）又给出了 PID 控制器的最优参数整定法。上述方法基本上是时域方法。

1932 年，奈奎斯特（Nyquist）提出了负反馈系统的频域稳定性判据，这种方法只需利用频率响应的实验数据。1940 年，伯德（H. Bode）进一步研究通信系统频域方法，提出了频域响应的对数坐标图描述方法。1943 年，霍尔（A. C. Hall）利用传递函数（复数域模型）和方框图，把通信工程的频域响应方法和机械工程的时域方法统一起来，人们称此方法为复数域方法。频域分析法主要用于描述反馈放大器的带宽和其他频域指标。

第二次世界大战结束时，经典控制技术和理论基本建立。1948 年，伊文斯（W. Evans）又进一步提出了属于经典方法的根轨迹设计法，它给出了系统参数变换与时域性能变化之间的关系。至此，复数域与频率域的方法进一步完善。

经典控制理论的分析方法为复数域方法，以传递函数作为系统数学模型，常利用图表进行分析设计，比求解微分方程简便，可通过试验方法建立数学模型，物理概念清晰，得到广泛的工程应用。此法只适应单变量线性定常系统，对系统内部状态缺少了解，且复数域方法研究时域特性，得不到精确的结果。

（2）现代控制理论阶段

20 世纪 60 年代初，在原有"经典控制理论"的基础上，形成了所谓的"现代控制理论"。

为现代控制理论状态空间法的建立作出贡献的有：1954 年贝尔曼（R. Bellman）的动态规划理论，1956 年庞特里雅金（L. S. Pontryagin）的极大值原理，1960 年卡尔曼（R. E. Kalman）的多变量最优控制和最优滤波理论。

频域分析法在二战后持续占有主导地位，特别是拉普拉斯变换和傅里叶变换的发展。在 20 世纪 50 年代，控制工程发展的重点是复平面和根轨迹的发展。在 20 世纪 80 年代，数字计算机在控制系统中的使用变得普遍起来，这些新控制部件的使用使得控制更精确、快速。

状态空间法属于时域方法，其核心是最优化技术。它以状态空间描述（实质上是一阶微分或差分方程组）作为数学模型，利用计算机作为系统建模分析、设计乃至控制的手段，适用于多变量、非线性、时变系统。

（3）大系统控制理论阶段

20 世纪 70 年代开始出现了一些新的控制方法和理论。如：

①现代频域方法，该方法以传递函数矩阵为数学模型，研究线性定常多变量系统；

②自适应控制理论和方法，该方法以系统辨识和参数估计为基础，处理被控对象不确定和缓时变，在实时辨识基础上在线确定最优控制规律；

③鲁棒控制方法，该方法在保证系统稳定性和其他性能基础上，设计不变的鲁棒控制器，以处理数学模型的不确定性；

④预测控制方法，该方法为一种计算机控制算法，在预测模型的基础上采用滚动优化和反馈校正，可以处理多变量系统。

大系统控制理论是过程控制与信息处理相结合的综合自动化理论基础，是动态的系统工程理论。它是一个多输入、多输出、多干扰、多变量的系统。

（4）智能控制理论阶段

智能控制的指导思想是依据人的思维方式和处理问题的技巧，解决那些目前需要人的智能才能解决的复杂的控制问题。被控对象的复杂性体现为模型的不确定性、高度非线性、分布式的传感器和执行器、动态突变、多时间标度、复杂的信息模式、庞大的数据量，以及严格的特性指标等。而环境的复杂性则表现为变化的不确定性和难以辨识。

试图用传统的控制理论和方法去应对复杂的对象、复杂的环境和复杂的任务是不可能的。智能控制的方法包括模糊控制、神经网络控制、专家控制等方法。

 课程思政

自动控制理论的发展不是一帆风顺的，有时也会停滞不前，但整体发展是螺旋上升的；学生在今后的生活、事业发展中也不会一帆风顺，大家要有发展的眼光，为我国的自动化技术发展贡献力量。

拓展知识：（扫二维码，查看有关自动控制理论发展的视频）

1.5 自动控制系统的分析与设计工具

1.5.1 关于 MATLAB

MATLAB 是一种数值计算型科技应用软件，其全称是 Matrix Laboratory，即矩阵实验室，是一种基于矩阵的数学与工程计算系统，可以用作动态系统的建模与仿真。与 Basic、Fortran、Pascal、C 等编程语言相比，MATLAB 具有编程简单直观、用户界面友善、开放性强等优点，因此自面世以来，在国际上很快得到推广应用。

在 MATLAB 中处理的所有变量都是矩阵。在控制工程中，MATLAB 主要用作仿真工具。要实现仿真，可采用两种方法：一是用 MATLAB 语言编程来实现各种算法；二是在 MATLAB/Simulink 环境下，用图形化的方法来描述系统的动态结构。也可混合使用这两种方法。

现今的 MATLAB 拥有更丰富的数据类型和结构、更友善的面向对象、更加快速精美的图形可视、更广泛的数学和数据分析资源、更多的应用开发工具。

1.5.2 控制系统工具箱

控制系统工具箱（control system toolbox）主要处理以传递函数为主要特征的经典控制

和以状态空间描述为主要特征的现代控制中的主要问题，对控制系统，尤其是 LTI 线性时不变系统的建模、分析和设计提供了一个完整的解决方案。其主要功能如下：

系统建模：能够建立连续或离散系统的状态空间表达式、传递函数、零极点增益模型，并可实现任意两者之间的转换；可通过串联、并联、反馈连接及更一般的框图连接建立复杂系统的模型；可通过多种方式实现连续时间系统的离散化，离散时间系统的连续化及多重采样。

系统分析：支持连续和离散系统。在时域分析方面，可对系统的单位脉冲响应、单位阶跃响应、零输入响应及其更一般的任意输入响应进行仿真。在频域分析方面，可对系统的 Bode 图、Nichols 图、Nyquist 图进行计算和绘制。

系统设计：可计算系统的各种特性，如传递零极点、Lyapunov 方程、稳定裕度、阻尼系数，以及根轨迹的增益选择等。

1.6　拓展任务——单闭环直流调速系统基本工作原理分析

任务引入：

调速就是指通过某种方法来调节（改变）电动机的转速。如果这种调节电动机转速的方法是通过某种装置自动完成的，那么它就是一个自动控制系统，称之为自动调速系统。

调速系统可以按照电动机的类型来进行分类。如果调节的是直流电动机的转速，则可称这类调速系统为直流调速系统；如果调节的是交流电动机的转速，则可称之为交流调速系统。

任务目标：

将一个系统的原理示意图按其功能行为变换成系统组成框图，并根据该组成框图分析系统的工作原理。

任务内容：

将单闭环直流调速系统的原理框图转换为系统组成框图，并分析该自动控制系统的工作原理。

知识点：

（1）开环、闭环控制方案。

（2）反馈类型。

（3）组成框图。

任务实施：

对于图 1-15 所给出的单闭环直流调速系统的系统原理图，首先应建立它的系统组成框图，这样做的好处除了有助于分析系统大致的工作原理外，更重要的是可以根据系统组成结构的框图来建立下一步（定量）分析所需的数学模型及系统框图。因此，对给出的单闭环直流调速系统进行如下考虑。

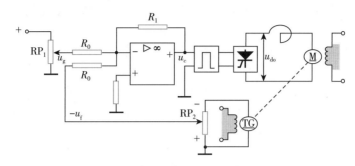

图1-15 单闭环直流调速系统原理图

（1）控制的目的：保持直流电动机的转速恒定。

被控对象（物理实体）：他励直流电动机。

被控量（输出物理实量）：直流电动机的转速。

（2）控制装置：晶闸管整流装置（触发、整流）。

控制量：他励直流电动机两端的整流输出电压（电枢电压）。

执行机构：触发装置 →整流装置。

（3）被控量与控制量之间是否存在关联：存在。

反馈环节及其控制过程：测速电动机检测转速→与给定转速的输入电压进行比较→改变触发装置的触发电压及晶闸管的导通角→改变整流装置的输出电压。

反馈量：直流电动机转速。

因此，单闭环直流调速系统的组成框图如图1-16所示。

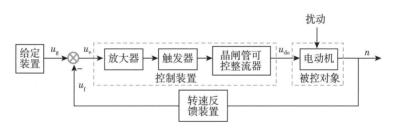

图1-16 单闭环直流调速系统组成框图

本章小结

（1）自动控制就是在没有人直接参与的情况下，利用控制装置操纵被控对象，使被控量等于给定值。

（2）自动控制的基本方式有开环控制、闭环控制和复合控制。开环控制实施起来简单，但抗扰动能力较差，控制精度也不高。自动控制原理中主要讨论闭环控制方式，其主要特点是抗扰动能力强、控制精度高，但存在能否正常工作，即稳定与否的问题。

（3）尽管组成自动控制系统的物理装置各有不同，但究其控制作用来看，不外乎几种

基本元件或环节。对一个实际的自动控制系统进行组成装置上的抽象，有助于对自动控制系统的工作原理、调节过程进行分析，也有助于为进一步分析自动控制系统性能而建立数学模型。

（4）在工程实际中，可以从不同的角度对自动控制系统进行分类。工业加工设备中最为常见的系统是恒值系统与随动系统。

（5）一般地，可从稳定性（能否正常工作）、快速性（快速响应能力）、准确性（控制精度）三方面来评价自动控制系统。而这三方面的性能往往是相互制约的，因而需要根据不同的工作任务来分析和设计自动控制系统，使其在满足主要性能要求的同时，兼顾其他性能。

第 2 章
自动控制系统的数学模型

✦ 学习目标：

能根据系统数学关系建立微分方程。

能根据微分方程，借助拉普拉斯变换和拉普拉斯运算定理将其转换成零初始条件下的传递函数。

能正确利用系统各组成单元的传递函数，根据输入输出关系绘制系统结构图。

能正确简化系统结构图，并求解闭环传递函数。

能熟练使用 MATLAB 的模型描述、模型转换和系统连接指令。

✦ 知识要点：

微分方程的建立。

传递函数的定义、条件和应用。

系统结构图的运算和简化。

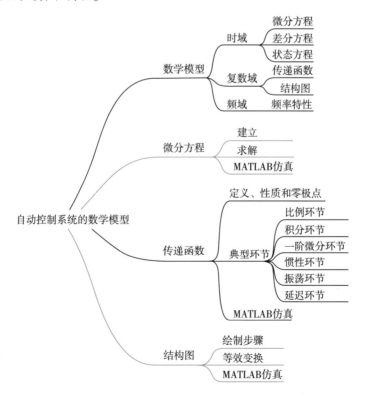

引言

数学模型是用来描述自动控制系统工作过程或运动规律本质的一种科学语言，这种语言以微分方程为基础，以拉普拉斯变换为求解工具；因此，为了更好地解释自动控制系统的工作过程或运动规律，人们利用拉普拉斯变换，引入了传递函数这一经典概念，并从这一概念出发，建立了对自动控制系统进行定量分析的经典控制理论。

在控制系统的分析和设计中，首先要建立系统的数学模型。控制系统的数学模型是描述系统内部物理量之间关系的数学表达式。如果已知输入量及变量的初始条件，对微分方程求解，就可以得到系统输出量的表达式，并由此可对系统进行性能分析。因此，建立控制系统的数学模型是分析和设计控制系统的首要工作。

建立控制系统数学模型的方法有分析法和实验法两种。分析法是对系统各部分的运动机制进行分析，根据它们所依据的物理规律或化学规律分别列写相应的运动方程。例如，电学中有基尔霍夫定律，力学中有牛顿定律，热力学中有热力学定律等。实验法是人为地给系统施加某种测试信号，记录其输出响应，并用适当的数学模型去逼近，这种方法称为系统辨识。

在自动控制理论中，数学模型有多种形式。时域中常用的数学模型有微分方程、差分方程和状态方程，复数域中有传递函数、结构图，频域中有频率特性等。本章只研究微分方程、传递函数和结构图等数学模型的建立和应用，其数学基础为傅里叶变换与拉普拉斯变换。

2.1 拉普拉斯变换与拉普拉斯反变换

傅里叶变换（简称傅氏变换）和拉普拉斯变换（简称拉氏变换），是工程实践中用来求解线性常微分方程的简便工具；同时，也是建立系统传递函数和频率特性的数学基础。傅氏变换和拉氏变换有其内在的联系。但一般来说，对一个函数进行傅氏变换，要求它满足的条件较高，因此有些函数就不能进行傅氏变换，而拉氏变换就比傅氏变换易于实现，所以拉氏变换的应用更为广泛。

2.1.1 拉普拉斯变换的定义及其运算定理

定义函数 $f(t)$ 的拉普拉斯（Laplace）变换为

$$L[f(t)] = F(s) = \int_0^\infty f(t) \cdot e^{-ts} dt \tag{2-1}$$

式（2-1）中的 s 被称为拉普拉斯算子，它是一个具有正实部的复数变量，即有 $s = \sigma + j\omega$，这里 σ 是 s 的实部，ω 是 s 的虚部。由于积分是从 $t = 0 \sim \infty$，因此式（2-1）所定义的等式也被称为单边拉普拉斯变换。它表明：$f(t)$ 中所包含的 $t=0$ 之前的所有信息都不作考虑，也就是说，当 $t<0$ 时，$f(t)=0$。一般来说，在时域范围内，时间的参考值通常被设为 $t=0$，因此对于拉普拉斯变换在线性系统分析的应用，上述假定就相当于在 $t=0$ 时给系统一个输入信号，而系统的输出响应将不可能在 $t=0$ 之前就开始。换言之，系统的输出不可能先于它的输入。这样的系统被称为是因果系统，或者说，这是在物理上可以实现的系统。为了简单起见，在以后对系统的分析与讨论中都采用 $t=0$ 作为系统的初始条件。

通常在式（2-1）中，$f(t)$ 被称为原函数，$F(s)$ 被称为象函数。若已知拉普拉斯变换的象函数 $F(s)$，而要求其原函数 $f(t)$，则有拉普拉斯反变换为

$$f(t) = L^{-1}[F(s)] = \frac{1}{2\pi \cdot \mathrm{j}} \int_{C-\mathrm{j}\infty}^{C+\mathrm{j}\infty} F(s) \mathrm{e}^{st} \mathrm{d}s (t > 0) \tag{2-2}$$

其中，C 为一个实常数。

一般来说，用拉普拉斯变换的定义来求取原函数 $f(t)$ 的象函数是一个十分复杂的运算过程。因此，在工程应用中，往往借助拉普拉斯函数变换对照表，并通过简单的函数分解，将原函数分解成表中所列的标准函数式样，然后利用拉普拉斯变换的运算定理，并通过查表的方法来求取其象函数。反之，也可以用同样的方法来求取其象函数的原函数。常用函数的拉普拉斯变换对照表如表2-1所示。

表2-1 拉普拉斯变换对照表

序号	原函数 $f(t)$		象函数 $F(s)$
	函数名	函数表达式	函数表达式
1	单位脉冲函数	$\delta(t)$	1
2	单位阶跃函数	$1(t)$	$1/s$
3	单位斜坡函数	t	$1/s^2$
4	单位指数函数	e^{-at}	$1/(s+a)$
5	单位正弦函数	$\sin wt$	$\dfrac{w}{s^2+w^2}$
6	单位余弦函数	$\cos wt$	$\dfrac{s}{s^2+w^2}$

常用的拉氏变换运算定理如下。

（1）叠加定理

两个函数之和的拉氏变换等于两个函数的拉氏变换式之和

$$L[f_1(t) \pm f_2(t)] = L[f_1(t)] \pm L[f_2(t)] \tag{2-3}$$

（2）比例定理

K 倍原函数的拉普拉斯变换等于原函数的拉普拉斯变换的 K 倍。

若 $f(t) = Kf_1(t)$，$L[f_1(t)] = F_1(s)$，则

$$L[f(t)] = \int_0^\infty Kf_1(t) \mathrm{e}^{-st} \mathrm{d}t = KF_1(s) \tag{2-4}$$

（3）微分定理

在零初始条件下，即 $f(0) = f'(0) = \cdots = f^{(n-1)}(t) = 0$

则

$$L\left[\frac{\mathrm{d}^{(n)}f(t)}{\mathrm{d}t^{n}}\right] = s^{n}F(s) \tag{2-5}$$

式（2-5）表明：在初始条件为零的前提下，原函数 n 阶导数的拉普拉斯变换等于其原函数的象函数乘 s^n。这就使得函数的微分运算变得十分简单，它反映了拉普拉斯变换能将微分运算转换成代数运算的依据，因此微分定理是一个十分重要的定理。

（4）延迟定理

当原函数 $f(t)$ 延迟了 τ，即成为 $f(t-\tau)$ 时，它的拉普拉斯变换为

$$L[f(t-\tau)] = \mathrm{e}^{-s\tau}F(s) \tag{2-6}$$

该定理说明：如果时域函数 $f(t)$ 平移，则相当于复数域中的象函数乘 $\mathrm{e}^{-s\tau}$。

（5）终值定理

若函数 $f(t)$ 及其一阶导数都是可拉氏变换的，则 $f(t)$ 的终值为

$$\lim_{t\to\infty}f(t) = \lim_{s\to 0}sF(s) \tag{2-7}$$

因此，利用终值定理可以从象函数直接求出原函数 $f(t)$ 在 $t\to\infty$ 时的稳态值。

例 2-1　求单位阶跃函数 $x(t)=1(t)$ 的拉氏变换。

解：$X(s) = L[x(t)] = \int_0^\infty \mathrm{e}^{-st}\mathrm{d}t = -\frac{1}{s}\mathrm{e}^{-st}\Big|_0^\infty = \frac{1}{s}$

例 2-2　求单位斜坡函数 $x(t)=t$ 的拉氏变换。

解：$X(s) = L[x(t)] = \int_0^\infty t\mathrm{e}^{-st}\mathrm{d}t$

$$-\frac{t}{s}\mathrm{e}^{-st}\Big|_0^\infty + \int_0^\infty \frac{1}{s}\mathrm{e}^{-st}\mathrm{d}t = \frac{1}{s^2}$$

例 2-3　若 $L[x(t)] = \dfrac{1}{s+a}$，求 $x(0)$，$x(\infty)$。

解：$x(0) = \lim_{s\to\infty}sX(s) = \lim_{s\to\infty}\dfrac{s}{s+a} = 1$

$x(\infty) = \lim_{s\to 0}sX(s) = \lim_{s\to 0}\dfrac{s}{s+a} = 0$

2.1.2　拉普拉斯变换的 MATLAB 仿真

MATLAB 中拉氏变换命令的具体调用语法及功能如下所示：

Fs=laplace（ft, t, s）

功能：求"时域"函数 ft 的 laplace 变换 Fs；

指令中的 ft 和 Fs 分别是以 t 为自变量的时域函数和以复数频率 s 为自变量的频域函数。

图 2-1 给出了 MATLAB 自带的拉普拉斯函数的帮助信息。

laplace

---help for sym/laplace---

laplace – Laplace integral transform

Calling Sequence
    laplace (M)

    laplace (M, s)

    laplace (M,t, s)

Parameters
    M – array or expression

    t – variable

    s – variable

图 2-1　拉普拉斯函数的帮助信息

例 2-4　试用 MATLAB 求下列函数的拉氏变换。

①$f(t) = t^2$；②$f(t) = e^{3t}$。

解：

（1）键入：

```
>>syms  t  s;
ft = t^2;
Fs = laplace(ft,t,s);
```

运行结果：

```
>>Fs
Fs =
2/s^3
```

（2）键入：

```
>>syms  t  s;
ft = exp(3 * t);
Fs = laplace(ft,t,s);
```

运行结果：

```
>>Fs
Fs =
1/(s-3)
```

练习 2-1　试用 MATLAB 求 $f(t) = t^2 + 2t + 1$ 的拉氏变换。

（扫二维码，查看答案）

2.1.3　拉普拉斯反变换的定义及其运算定理

由象函数 $F(s)$ 求原函数 $f(t)$，可根据式（2-2）拉氏反变换公式计算。对于简单的象函数，可直接应用拉氏变换对照表 2-1，查出相应的原函数。工程实践中，求复杂象函数的原函数时，通常先用部分分式展开法将复杂函数展成简单函数的和，再应用拉氏变换对照表查找。

一般来说，象函数 $F(s)$ 是复变数 s 的有理代数分式，即 $F(s)$ 可表示为如下两个 s 多项式比的形式

$$F(s) = \frac{B(s)}{A(s)} = \frac{b_m s^m + b_{m-1} s^{m-1} + \cdots + b_0}{a_n s^n + a_{n-1} s^{n-1} + \cdots + a_0} \quad (n > m) \qquad (2-8)$$

通常 $m<n$，且 $a_1, \cdots, a_n$；$b_0, \cdots, b_m$ 均为实数。

首先将 $F(s)$ 的分母因式分解，得

$$A(s) = a_n s^n + a_{n-1} s^{n-1} + \cdots + a_0 = (s - p_1)(s - p_2)\cdots(s - p_n) \qquad (2-9)$$

其中，$p_1, p_2, \cdots, p_n$ 是 $A(s)=0$ 的根，称为 $F(s)$ 的极点。根据根的性质，分为两种情况研究。

（1）$A(s)=0$ 无重根

$F(s)$ 能展开成如下简单的部分分式之和，每部分分式都以 $A(s)$ 的一个因式作为其分母，即

$$F(s) = \frac{C_1}{s - p_1} + \frac{C_2}{s - p_2} + \cdots + \frac{C_n}{s - p_n} = \sum_{i=1}^{n} \frac{C_i}{s - p_i} \qquad (2-10)$$

其中 C_i 是待定常数，称为 $F(s)$ 在极点 p_i 处的留数，可按下式计算

$$C_i = \lim_{s \to p_i}(s - p_i) F(s) \qquad (2-11)$$

根据拉氏变换的线性性质，有理代数分式函数的拉氏反变换，可表示为若干指数项之和，即

$$f(t) = C_1 e^{p_1 t} + C_2 e^{p_2 t} + \cdots + C_n e^{p_n t} = \sum_{i=1}^{n} C_i e^{p_i t} \qquad (2-12)$$

例 2-5 已知 $F(s) = \dfrac{s + 2}{s^2 + 4s + 3}$，求 $f(t)$。

解：

$$F(s) = \frac{s + 2}{(s + 1)(s + 3)} = \frac{C_1}{s + 1} + \frac{C_2}{s + 3}$$

$$C_1 = \lim_{s \to -1}(s + 1)\frac{s + 2}{(s + 1)(s + 3)} = \frac{-1 + 2}{-1 + 3} = \frac{1}{2}$$

$$C_2 = \lim_{s \to -3}(s + 3)\frac{s + 2}{(s + 1)(s + 3)} = \frac{-3 + 2}{-3 + 1} = \frac{1}{2}$$

$$F(s) = \frac{1/2}{s + 1} + \frac{1/2}{s + 3}$$

$$f(t) = \frac{1}{2}e^{-t} + \frac{1}{2}e^{-3t}$$

练习 2-2 已知 $F(s) = \dfrac{1}{(s + 1)(s - 2)(s + 3)}$，求 $f(t)$。

扫二维码，查看答案：

（2）$A(s) = 0$ 有重根

设 $A(s) = 0$ 有 r 个重根 p_1，则

$$F(s) = \frac{C_1}{(s-p_1)^m} + \frac{C_2}{(s-p_1)^{m-1}} + \cdots + \frac{C_m}{s-p_1} + \frac{C_{m+1}}{s-p_{m+1}} + \cdots + \frac{C_n}{s-p_n} \quad (2\text{-}13)$$

其中，待定常数按如下公式计算

$C_1 = \lim\limits_{s \to p_1} (s-p_1)^r F(s)$；

$C_2 = \lim\limits_{s \to p_1} \dfrac{\mathrm{d}}{\mathrm{d}s} [(s-p_1)^r F(s)]$；

$C_3 = \dfrac{1}{2!} \lim\limits_{s \to p_1} \dfrac{\mathrm{d}^{(2)}}{\mathrm{d}s^{(2)}} [(s-p_1)^r F(s)]$；

$C_r = \dfrac{1}{(r-1)!} \lim\limits_{s \to p_1} \dfrac{\mathrm{d}^{(r-1)}}{\mathrm{d}s^{(r-1)}} [(s-p_1)^r F(s)]$；

$C_i = \lim\limits_{s \to p_i} (s-p_i) F(s)$。

例 2-6　已知 $F(s) = \dfrac{s+2}{s(s+1)^2(s+3)}$，求 $f(t)$。

解：

$$F(s) = \frac{C_1}{(s+1)^2} + \frac{C_2}{s+1} + \frac{C_3}{s} + \frac{C_4}{s+3}$$

$$C_1 = \lim\limits_{s \to -1} \left[(s+1)^2 \frac{s+2}{s(s+1)^2(s+3)} \right] = \lim\limits_{s \to -1} \frac{s+2}{s(s+3)} = \frac{-1+2}{(-1) \times (-1+3)} = -\frac{1}{2}$$

$$C_2 = \lim\limits_{s \to -1} \frac{\mathrm{d}}{\mathrm{d}s} \left[(s+1)^2 \frac{s+2}{s(s+1)^2(s+3)} \right] =$$

$$\lim\limits_{s \to -1} \frac{s(s+3) - (s+2)(2s+3)}{s^2(s+3)^2} = -\frac{3}{4}$$

$$C_3 = \lim\limits_{s \to 0} s \frac{s+2}{s(s+1)^2(s+3)} = \frac{2}{3}$$

$$C_4 = \lim\limits_{s \to -3} (s+3) \frac{s+2}{s(s+1)^2(s+3)} = \frac{1}{12}$$

$$F(s) = -\frac{1}{2} \times \frac{1}{(s+1)^2} - \frac{3}{4} \times \frac{1}{s+1} + \frac{2}{3} \times \frac{1}{s} + \frac{1}{12} \times \frac{1}{s+3}$$

$$f(t) = -\frac{1}{2} t e^{-t} - \frac{3}{4} e^{-t} + \frac{2}{3} + \frac{1}{12} e^{-3t}$$

2.1.4　拉普拉斯反变换的 MATLAB 仿真

MATLAB 中拉氏反变换命令的具体调用语法及功能如下所示：

ft = ilaplace（Fs，s，t）

功能：求"频域"函数 Fs 的 ilaplace 变换 ft。

例 2-7　用 MATLAB 求 $F(s) = \dfrac{s+4}{(s^2+4s+3)(s+2)}$ 的拉氏反变换。

解：

键入：

```
>>syms  t  s;
Fs=(s+4)/(s^2+4*s+3)/(s+2);
ft=ilaplace(Fs,s,t)
```

运行结果：

ft=

(3*exp(-t))/2-2*exp(-2*t)+exp(-3*t)/2

2.2 线性控制系统的时域数学模型——微分方程

在对自动控制系统进行定量分析时，一个最为重要的任务是建立自动控制系统的数学模型。而不少自动控制系统的运动过程都可以用常系数线性微分方程加以描述；因此，方便地求解出常系数线性微分方程的"解"，对分析自动控制系统的性能指标就变得十分重要。本节着重研究控制系统微分方程的建立和求解方法。

2.2.1 微分方程的建立

列写元件微分方程的步骤可归纳如下：

①根据元件的工作原理及其在控制系统中的作用，确定其输入量和输出量；

②分析元件工作中所遵循的物理规律或化学规律，列写相应的微分方程；

③消去中间变量，得到输出量与输入量之间关系的微分方程，便是元件的时域数学模型。一般情况下，应将微分方程写为标准形式，即与输入量有关的项写在方程的右端，与输出量有关的项写在方程的左端，方程两端变量的导数项均按降幂排列。

例 2-8 电阻-电感-电容串联系统。图 2-2 为 R-L-C 串联电路，试列出以 $u_r(t)$ 为输入量，$u_c(t)$ 为输出量的网络微分方程式。

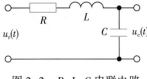

图 2-2 R-L-C 串联电路

解：

①确定输入量为 $u_r(t)$，输出量为 $u_c(t)$，中间变量为 $i(t)$。

②由基尔霍夫定律写原始方程为

$$L\frac{\mathrm{d}i}{\mathrm{d}t}+Ri+u_c(t)=u_r(t)$$

③列写中间变量 $i(t)$ 与输出量 $u_c(t)$ 的关系式

$$i = C \frac{\mathrm{d}u_c(t)}{\mathrm{d}t}$$

④将上式代入原始方程，消去中间变量得

$$LC \frac{\mathrm{d}^2 u_c(t)}{\mathrm{d}t^2} + RC \frac{\mathrm{d}u_c(t)}{\mathrm{d}t} + u_c(t) = u_r(t)$$

⑤整理成标准形式，令 $T_1 = L/R$，$T_2 = RC$，则方程化为

$$T_1 T_2 \frac{\mathrm{d}^2 u_c(t)}{\mathrm{d}t^2} + T_2 \frac{\mathrm{d}u_c(t)}{\mathrm{d}t} + u_c(t) = u_r(t)$$

例 2-9　图 2-3 为弹簧-质量-阻尼器串联系统。试列出以外力 $F(t)$ 为输入量，以质量 m 的位移 $y(t)$ 为输出量的运动方程式。

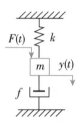

图 2-3　弹簧-质量-阻尼器串联系统

解：

①确定输入量为 $F(t)$，输出量为 $y(t)$，作用于质量 m 的力还有弹性阻力 $F_k(t)$ 和黏滞阻力 $F_f(t)$，均作为中间变量。

②设系统按线性集中参数考虑，且无外力作用时，系统处于平衡状态。

③按牛顿第二定律列写原始方程，即

$$\sum F = F(t) + F_k(t) + F_f(t) = m \frac{\mathrm{d}^2 y(t)}{\mathrm{d}t^2}$$

④写中间变量与输出量的关系式

$$F_k(t) = -ky(t)$$

$$F_f(t) = -fv = -f \frac{\mathrm{d}y(t)}{\mathrm{d}t}$$

⑤将以上辅助方程式代入原始方程，消去中间变量，得

$$m \frac{\mathrm{d}^2 y(t)}{\mathrm{d}t^2} = -ky(t) - f \frac{\mathrm{d}y(t)}{\mathrm{d}t} + F(t)$$

⑥整理方程得标准形式为

$$\frac{m}{k} \frac{\mathrm{d}^2 y(t)}{\mathrm{d}t^2} + \frac{f}{k} \frac{\mathrm{d}y(t)}{\mathrm{d}t} + y(t) = \frac{1}{k} F(t)$$

令 $T_m^2 = m/k$，$T_f = f/k$，则方程化为

$$T_m^2 \frac{\mathrm{d}^2 y(t)}{\mathrm{d}t^2} + T_f \frac{\mathrm{d}y(t)}{\mathrm{d}t} + y(t) = \frac{1}{k} F(t)$$

观察实际物理系统的运动方程，若用线性定常特性来描述，则方程一般具有以下形式

$$a_0 \frac{\mathrm{d}^n c(t)}{\mathrm{d}t^n} + a_1 \frac{\mathrm{d}^{n-1} c(t)}{\mathrm{d}t^{n-1}} + \cdots + a_{n-1} \frac{\mathrm{d}c(t)}{\mathrm{d}t} + a_n c(t) =$$

$$b_0 \frac{\mathrm{d}^m r(t)}{\mathrm{d}t^m} + b_1 \frac{\mathrm{d}^{m-1} r(t)}{\mathrm{d}t^{m-1}} + \cdots + b_{m-1} \frac{\mathrm{d}r(t)}{\mathrm{d}t} + b_m r(t)$$

式中，$c(t)$ 是系统的输出量，$r(t)$ 是系统的输入量。

从上述各控制系统的元件或系统的微分方程可以发现，不同类型的元件或系统可具有形式相同的数学模型。例如，R-L-C 无源网络和弹簧-质量-阻尼器机械系统的数学模型均是二阶微分方程。我们把具有形式相同的数学模型的物理系统称为相似系统。相似系统揭示了不同物理现象间的相似关系，便于我们使用一个简单模型去研究与其相似的复杂系统，也为控制系统的计算机数字仿真提供了基础。

用线性微分方程描述的元件或系统，称为线性元件或线性系统。线性系统的重要性质是可以应用叠加原理。叠加原理有两重含义，即系统具有可叠加性和均匀性（或齐次性）。线性系统的叠加原理表明，两个外作用同时加于系统所产生的总输出，等于各个外作用单独作用时分别产生的输出之和，且外作用的数值增大若干倍时，其输出亦相应增大同样的倍数。因此，对线性系统进行分析和设计时，如果有几个外作用同时加于系统，则可以将它们分别处理，依次求出各个外作用单独加入时系统的输出，然后将它们叠加，此外，每个外作用在数值上可只取单位值，从而大大简化了线性系统的研究工作。

2.2.2 微分方程的求解

建立控制系统数学模型的目的之一是为了用数学方法定量研究控制系统的工作特性。当系统微分方程列写出来后，只要给定输入量和初始条件，便可对微分方程求解，并由此了解系统输出量随时间变化的特性。

从【例2-8】和【例2-9】可以看出求解微分方程的复杂性，而当自动控制系统的数学模型是二阶或更高阶的微分方程时，求取微分方程的解就会变得非常困难，甚至可能求不出其精确解。因此，如何能方便地求出用来描述自动控制系统变化过程的线性微分方程的解，就成为对自动控制系统进行定量分析，找出自动控制系统中所存在的问题并加以补偿，并使之达到人们所期望的性能指标要求的一个重要的问题。

线性定常微分方程的求解方法有经典法和拉氏变换法两种，也可借助 MATLAB 软件包求解。

用经典法对微分方程求解，须确定积分常数，阶次高时麻烦；当参数或结构变化时，须重新列方程求解，不利于分析系统参数变化对性能的影响。

本小节研究用拉氏变换法求解微分方程的方法（见图2-4）。

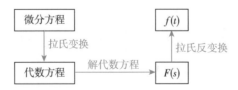

图 2-4　拉氏变换法求解微分方程

例 2-10　系统微分方程如下，求系统的输出响应。

$$\ddot{y}(t) + 5\dot{y}(t) + 6y(t) = 6$$
$$y(0) = \dot{y}(0) = 0$$

解： 将方程两边取拉氏变换，得

$$s^2 Y(s) + 5sY(s) + 6Y(s) = \frac{6}{s}$$

$$Y(s) = \frac{6}{s(s+2)(s+3)} = \frac{1}{s} - \frac{3}{s+2} + \frac{2}{s+3}$$

拉氏反变换得

$$y(t) = 1 - 3e^{-2t} + 2e^{-3t}$$

例 2-11　如图 2-5 所示的 RC 电路，当开关 K 突然接通后，试求出电容电压 $u_c(t)$ 的变化规律。

解： 设输入量为 $u_r(t)$，输出量为 $u_c(t)$。由基尔霍夫定律写出电路方程为

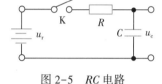

图 2-5　RC 电路

$$RC\frac{du_c}{dt} + u_c = u_r$$

电容初始电压为 $u_c(0)$，对方程两端取拉氏变换，得

$$RC[sU_c(s) - u_c(0)] + U_c(s) = U_r(s)$$

$$U_c(s) = \frac{1}{RCs+1}U_r(s) + \frac{RC}{RCs+1}u_c(0)$$

当输入为阶跃电压 $u_r(t) = u_0 \cdot 1(t)$ 时，得

$$U_c(s) = u_0\left(\frac{1}{s} - \frac{1}{s+\frac{1}{RC}}\right) + u_c(0)\frac{1}{s+\frac{1}{RC}}$$

拉氏反变换得

$$u_c(t) = u_0\left(1 - e^{-\frac{1}{RC}t}\right) + u_c(0)e^{-\frac{1}{RC}t}$$

式中右端第一项是由输入电压 $u_r(t)$ 决定的分量，是当电容初始状态 $u_c(0) = 0$ 时的响应，故称零状态响应；第二项是由电容初始电压 $u_c(0)$ 决定的分量，是当输入电压 $u_r(t) = 0$ 时的响应，故称零输入响应。

练习 2-3　求解微分方程：$\dfrac{dy^2(t)}{dt^2} + 3\dfrac{dy(t)}{dt} + 2y(t) = 5 \cdot 1(t)$，初始条件：$y(0) = -1$，$y'(0) = 2$。

扫二维码，查看答案：

用拉氏变换法求解线性定常微分方程的过程可归结如下：

①考虑初始条件，对微分方程中的每一项分别进行拉氏变换，将微分方程转换为变量 s 的代数方程；

②由代数方程求出输出量拉氏变换函数的表达式；

③对输出量拉氏变换函数求拉氏反变换，得到输出量的时域表达式，即为所求微分方程的解。

用拉氏变换法求解的优点：

①复杂的微分方程变换成简单的代数方程；

②求得的解是完整的，初始条件已包含在拉氏变换中，不用另行确定积分常数；

③若所有的初值为 0，拉氏变换式可直接用 s 代替 $\dfrac{\mathrm{d}}{\mathrm{d}t}$ 得到。

2.2.3 微分方程求解的 MATLAB 仿真

dsolve 函数用于求常微分方程组的精确解，也称为常微分方程的符号解。如果没有初始条件或边界条件，则求出通解；如果有，则求出特解。

函数格式：

Y = dsolve（'eq1，eq2，…'，'cond1，cond2，…'，'Name'）

其中，'eq1，eq2，…'表示微分方程或微分方程组；

'cond1，cond2，…'表示初始条件或边界条件；

'Name'表示变量，没有指定变量时，MATLAB 默认的变量为 t。

例 2-12 用 MATLAB 求解微分方程：

$$\frac{\mathrm{d}y}{\mathrm{d}x} = 3x^2, \quad y_{|x=0} = 2$$

解：

```
>>dsolve（'Dy=3*x^2','y(0)=2','x'）
ans =
x^3+2
```

2.3 线性控制系统的复数域数学模型——传递函数

控制系统的微分方程是在时间域描述系统动态性能的数学模型，在给定外作用及初始条件下，求解微分方程可以得到系统的输出响应。这种方法比较直观，特别是借助于 MATLAB 软件包可以迅速而准确地求得结果；但是如果系统的结构改变或某个参数变化时，就要重新列写并求解微分方程，不便于对系统进行分析和设计。用拉氏变换法求解线性系统的微分方程时，可以得到控制系统在复数域中的数学模型——传递函数。传递函数不仅可以表征系统的动态性能，而且可以用来研究系统的结构或参数变化对系统性能的影响。传递函数是经典控制理论中最重要的模型。

2.3.1 传递函数的定义和性质

传递函数（transfer function）是在用拉普拉斯变换求解线性常微分方程的过程中引申出来的概念，即是在用微分方程描述自动控制系统的运动过程，再用拉普拉斯变换求其微分方程的解时所引申出来的。

（1）传递函数的定义

在给定输入量及零初始条件后，对微分方程进行拉普拉斯变换，必定存在复数域内输入量与其输出量之间的对应关系，而这种对应关系就称为传递函数。线性定常系统的传递函数，定义为零初始条件下，系统输出量的拉氏变换与输入量的拉氏变换之比，用 $G(s)$ 表示，即 $G(s) = \dfrac{C(s)}{R(s)}$。

一般地，设线性定常系统的微分方程式为

$$a_0 \frac{\mathrm{d}^n c(t)}{\mathrm{d}t^n} + a_1 \frac{\mathrm{d}^{n-1} c(t)}{\mathrm{d}t^{n-1}} + \cdots + a_{n-1} \frac{\mathrm{d}c(t)}{\mathrm{d}t} + a_n c(t) =$$

$$b_0 \frac{\mathrm{d}^m r(t)}{\mathrm{d}t^m} + b_1 \frac{\mathrm{d}^{m-1} r(t)}{\mathrm{d}t^{m-1}} + \cdots + b_{m-1} \frac{\mathrm{d}r(t)}{\mathrm{d}t} + b_m r(t) \tag{2-14}$$

式中，$r(t)$ 是输入量，$c(t)$ 是输出量。在零初始条件下，对式（2-14）两端进行拉氏变换得 $(a_0 s^n + a_1 s^{n-1} + \cdots + a_{n-1} s + a_n) C(s) = (b_0 s^m + b_1 s^{m-1} + \cdots + b_{m-1} s + b_m) R(s)$

按定义，其传递函数为

$$G(s) = \frac{C(s)}{R(s)} = \frac{b_0 s^m + b_1 s^{m-1} + \cdots + b_{m-1} s + b_m}{a_0 s^n + a_1 s^{n-1} + \cdots + a_{n-1} s + a_n} \tag{2-15}$$

$G(s)$ 是由微分方程经线性拉氏变换得到的，只是把时域变换到复频域而已，但它是一个函数，便于计算和采用方框图表示，故得到广泛应用。其分母多项式就是微分方程的特征多项式，决定系统的动态性能。从描述系统的完整性来说，它只能反应零状态响应部分。

例 2-13 试求例 2-8 的传递函数。

解：

微分方程为

$$LC \frac{\mathrm{d}^2 u_c(t)}{\mathrm{d}t^2} + RC \frac{\mathrm{d}u_c(t)}{\mathrm{d}t} + u_c(t) = u_r(t)$$

在零初始条件下，对上式两端进行拉氏变换，整理得到其传递函数

$$LCs^2 U_c^{\ 2}(s) + RCs U_c(s) + U_c(s) = U_r(s)$$

$$G(s) = \frac{U_c(s)}{U_r(s)} = \frac{1}{LCs^2 + RCs + 1}$$

（2）传递函数的性质

①传递函数只适用于线性定常系统，因为拉氏变换是一种线性变换。

②传递函数是一种用系统参数表示输出量与输入量之间关系的表达式，它只取决于系统或元件的结构和参数，而与输入量的形式无关，不反映系统内部的任何信息。

③传递函数是一种数学模型，与系统的微分方程相对应。传递函数分子多项式系数及

分母多项式系数,分别与相应微分方程的右端及左端微分算符多项式系数相对应。故在零初始条件下,将微分方程的算符 d/dt 用复数 s 置换便得到传递函数;反之,将传递函数多项式中的变量 s 用算符 d/dt 置换便得到微分方程。

④可以用方框图来表示一个具有传递函数 $G(s)$ 的线性系统,系统输入量与输出量的因果关系可以用传递函数联系起来,如图 2-6 所示。

$$\xrightarrow{\quad R(s)\quad}\boxed{G(s)}\xrightarrow{\quad C(s)\quad}$$

图 2-6 传递函数的图示

2.3.2 传递函数的零极点

传递函数的分子多项式和分母多项式经因式分解后可写为如下形式

$$G(s) = \frac{b_0 s^m + b_1 s^{m-1} + \cdots + b_{m-1}s + b_m}{a_0 s^n + a_1 s^{n-1} + \cdots + a_{n-1}s + a_n} = k_g \frac{(s-z_1)\cdots(s-z_m)}{(s-p_1)\cdots(s-p_n)} \tag{2-16}$$

式中,$z_i\ (i=1,2,\cdots,m)$ 是分子多项式的零点,称为传递函数的零点;$p_j\ (j=1,2,\cdots,n)$ 是分母多项式的零点,称为传递函数的极点。传递函数的零点和极点可以是实数,也可以是复数。

在复数平面上表示传递函数的零点和极点的图形,称为传递函数的零极点分布图。在图中一般用"○"表示零点,用"×"表示极点。传递函数的零极点分布图可以更形象地反映系统的全面特性。

例 2-14 试画出下面传递函数的零极点分布图。

$$G(s) = \frac{s+2}{(s+3)(s^2+2s+2)}$$

解:传递函数 $G(s)$ 的零极点分布图如图 2-7 所示。

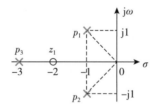

图 2-7 传递函数 $G(s)$ 的零极点分布图

2.3.3 典型环节的传递函数

从传递函数所具有的特性来看,传递函数只描述了系统的基本结构与系统参数,而没有定义与描述系统是由什么物理器件组成的。另外,对一个自动控制系统而言,无论它多么复杂,它所要完成的任务无非就是反馈、比较、控制和执行。无论自动控制系统的物理装置是由什么器件组成的,从本质上来说,其工作原理与结构参数都是为了一个相同的目标,即完成对期望目标的自动控制。因此,一个再复杂的自动控制系统都可以由几个有限的典型环节,通过不同的方式连接组合而成。

自动控制系统可以用传递函数来描述,任一复杂的传递函数 $G(s)$ 都可表示为

$$G(s) = \frac{C(s)}{R(s)} = \frac{b_0 s^m + b_1 s^{m-1} + \cdots + b_{m-1}s + b_m}{a_0 s^n + a_1 s^{n-1} + \cdots + a_{n-1}s + a_n} =$$

$$K \frac{(\tau_1 s + 1)(\tau_2^2 s^2 + 2\zeta\tau_2 s + 1)\cdots(\tau_i s + 1)}{(T_1 s + 1)(T_2^2 s^2 + 2\zeta T_2 s + 1)\cdots(T_j s + 1)} =$$

$$K(\tau_1 s + 1) \cdot \frac{1}{T_1 s + 1} \cdot (\tau_2^2 s^2 + 2\zeta\tau_2 s + 1) \cdot \frac{1}{T_2^2 s^2 + 2\zeta T_2 s + 1} \cdots \quad (2-17)$$

$G(s)$ 可看成是若干称为典型环节的基本因子的乘积，一般认为典型环节有 6 种，这些典型环节，对应典型电路。典型环节的传递函数如表 2-2 所示。这样划分给系统分析和研究带来很大的方便。

表 2-2　典型环节的传递函数

序号	典型环节名称	传递函数	参数说明	特点
1	比例环节	$G(s) = K$	K 为系统增益，常数	输出不失真、不延迟、成比例地复现输入信号的变化
2	积分环节	$G(s) = \dfrac{1}{s}$	—	输出量与输入量对时间的积分成正比。输出累积一段时间后，即使是输入为零，输出也保持原值不变，即具有记忆功能
3	一阶微分环节	$G(s) = \tau s + 1$	τ 为时间常数	输出量与输入量对时间的微分成正比，即输出反映了输入信号的变化率，而不反映输入量本身的大小
4	惯性环节	$G(s) = \dfrac{1}{Ts + 1}$	T 为惯性时间常数	输出量不能瞬时完成与输入量完全一致的变化
5	振荡环节	$G(s) = \dfrac{1}{T^2 s^2 + 2\zeta Ts + 1}$	T 为时间常数，ζ 为阻尼系数	若输入为一阶跃信号，则动态响应应具有衰减振荡的形式
6	延迟环节	$G(s) = e^{-\tau s}$	τ 为延迟时间	输出波形与输入波形相同，但延迟了时间 τ

2.3.4　传递函数的 MATLAB 仿真

（1）系统传递函数模型描述

命令格式：sys = tf(num，den)

sys = tf(num，den，Ts)

其中 num，den 分别为分子和分母多项式中按降幂排列的系数向量；Ts 表示采样时间，缺省时描述的是连续系统传递函数。

若控制系统的传递函数模型为

$$G(s) = \frac{b_0 s^m + b_1 s^{m-1} + \cdots + b_{m-1}s + b_m}{a_0 s^n + a_1 s^{n-1} + \cdots + a_{n-1}s + a_n}$$

则 num = $\begin{bmatrix} b_0 & b_1 & \cdots & b_m \end{bmatrix}$，den = $\begin{bmatrix} a_0 & a_1 & \cdots & a_n \end{bmatrix}$。

例 2-15　用 MATLAB 表示传递函数为 $G(s) = \dfrac{s + 3}{s^3 + 2s + 1}$ 的系统。

解： 如图 2-8 所示。

```
1 -    num=[1 3];
2 -    den=[1 0 2 1];
3 -    sys=tf(num,den);
```

命令行窗口

```
>> m2_3_4

sys =

       s + 3
   -------------
   s^3 + 2 s + 1

Continuous-time transfer function.
```

图 2-8　系统传递函数模型描述

（2）系统零极点模型描述

若控制系统的零极点模型为

$$G(s) = K \frac{(s - z_1)(s - z_2)\cdots(s - z_m)}{(s - p_1)(s - p_2)\cdots(s - p_n)}$$

命令格式：sys=zpk（z, p, k, Ts）

其中 z, p, k 分别表示系统的零点、极点及增益，若无零极点，则用 ［ ］ 表示；Ts 表示采样时间，缺省时描述的是连续系统。

例 2-16　用 MATLAB 表示传递函数为 $G(s) = \dfrac{s + 3}{(s + 1)^2}$ 的系统。

解： 如图 2-9 所示。

```
1 -    z=[-3];p=[-1 -1];k=1;
2 -    sys=zpk(z,p,k);
```

命令行窗口

```
>> m2_3_4_2

sys =

     (s+3)
    -------
    (s+1)^2

Continuous-time zero/pole/gain model.
```

图 2-9　系统零极点模型描述

（3）数学模型转换

由于在控制系统分析与设计中有时会要求模型有特定的描述形式，MATLAB 提供了传递函数模型与零极点模型之间的转换命令。

命令格式：$[\text{num}, \text{den}] = \text{zp2tf}(z, p, k)$

$\qquad\qquad\quad [z, p, k] = \text{tf2zp}(\text{num}, \text{den})$

其中 zp2tf 可以将零极点模型转换成传递函数模型，而 tf2zp 可以将传递函数模型转换成零极点模型。

例 2-17 已知某控制系统的传递函数为 $G(s) = \dfrac{1}{s^2 + 3s + 2}$，利用 MATLAB 模型转换指令求零极点增益模型。

解：如图 2-10 所示。

```
1 -     num=[0 0 1];den=[1 3 2];
2 -     sys1=tf(num,den);
3 -     [z,p,k]=tf2zp(num,den);
4 -     sys2=zpk(z,p,k);
```

命令行窗口

```
>> sys2

sys2 =

          1
     -----------
     (s+2) (s+1)

Continuous-time zero/pole/gain model.
```

图 2-10 系统传递函数模型转换为零极点模型

2.4　控制系统的结构图

控制系统的结构图是一种建立在传递函数图形化表示方式上，用传递函数的图形化方法表示系统各组成部分之间信号传递关系（连接）的一种数学模型。它表示了系统中各变量之间的因果关系以及对各变量所进行的运算，是控制理论中描述复杂系统的一种简便方法。

控制系统的结构图清晰而严谨地表达了系统内部各单元在系统中所处的地位与作用，以及各单元之间的相互联系，可以使人们更加直观地理解系统所表达的物理意义。

2.4.1　系统结构图的组成和绘制

与自动控制系统的组成框图类似，自动控制系统的结构图由功能框、信号线（有向线段）、引出点及比较点（综合点）等各要素绘制而成，同时也遵循前向通路的信号从左向右，反馈通路的信号从右向左的基本绘制原则。

信号线：是带有箭头的直线，箭头表示信号的流向，在直线旁标记信号的时间函数或象函数，如图 2-11（a）所示。在系统的前向通路中，信号线遵循从左向右的基本流向；在反馈通路中，信号线则遵循从右向左的基本流向。也就是说，输入信号在最左端，输出信号在最右端。

引出点：表示信号引出或测量的位置，从同一位置引出的信号在数值和性质方面完全相同，如图 2-11（b）所示。

比较点：比较点表示对两个或两个以上的信号进行加减运算，"+"号表示相加，"-"号表示相减，"+"号可省略不写，如图 2-11（c）所示。

功能框：表示对信号进行的数学变换，方框中写入元部件或系统的传递函数，如图 2-11（d）所示。功能框左右两边均连有有向信号线。左边的信号线表示了这个环节或机构的输入量（拉普拉斯变换式）；右边的信号线表示了这个环节或机构的输出量（拉普拉斯变换式）。它们组合在一起构成了传递函数的图形表示方式，即 $C(s) = G(s)R(s)$。

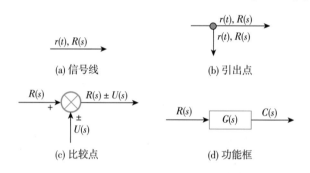

图 2-11　结构图的基本组成单元

绘制系统结构图时，首先分别列写系统各元部件的微分方程或传递函数，并将它们用方框表示；然后，根据各元部件的信号流向，用信号线依次将各方框连接便得到系统的结构图。因此，系统结构图实质上是系统原理图与数学方程两者的结合，既补充了原理图所缺少的定量描述，又避免了纯数学的抽象运算。

从结构图上可以用方框进行数学运算，也可以直观了解各元部件的相互关系及其在系统中所起的作用；更重要的是，从系统结构图可以方便地求得系统的传递函数。所以，系统结构图也是控制系统的一种数学模型。

虽然系统结构图是通过系统元部件的数学模型得到的，但结构图中的方框与实际系统的元部件并非是一一对应的。一个实际元部件可以用一个方框或几个方框表示；而一个方框也可以代表几个元部件或是一个子系统，或是一个大的复杂系统。

结构图的绘制步骤：

①列写每个元件的原始方程（保留所有变量，便于分析），要考虑相互间负载效应。

②设初始条件为零，对这些方程进行拉氏变换，得到传递函数，然后分别以一个方框的形式将因果关系表示出来，而且这些方框中的传递函数都应具有典型环节的形式。

③将这些方框单元按信号流向连接起来，组成完整的结构图。

例 2-18　画出如图 2-12 所示 RC 网络的结构图。

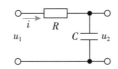

图 2-12　例 2-18 RC 网络

解：①列写各元件的原始方程式

$$\begin{cases} i = \dfrac{u_R}{R} \\[2mm] u_2 = \dfrac{1}{C}\displaystyle\int i\,\mathrm{d}t \\[2mm] u_R = u_1 - u_2 \end{cases}$$

②取拉氏变换，在零初始条件下，表示成方框形式

$$\begin{cases} I(s) = \dfrac{1}{R}U_R(s) \\[2mm] U_2(s) = \dfrac{1}{Cs}I(s) \\[2mm] U_R(s) = U_1(s) - U_2(s) \end{cases}$$

③将这些方框依次连接起来得到结构图，如图 2-13 所示。

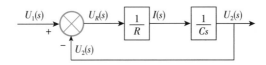

图 2-13　例 2-18 RC 网络的结构图

练习 2-4　试绘制如图 2-14 所示的 RC 网络的方框图。设输入量为 $u_1(t)$，输出量为 $u_2(t)$。

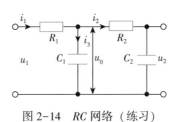

图 2-14　RC 网络（练习）

扫二维码，查看答案：

2.4.2　系统结构图的等效变换和简化

与自动控制系统的组成框图不同，自动控制系统的系统结构图是可以进行运算的。而这个运算过程，就是所谓的系统结构图的变换和简化运算；这些运算的目的就是为了求出自动控制系统的闭环传递函数。实际上，这个过程对应于由元部件运动方程消去中间变量求取系统传递函数的过程。

一个复杂的系统结构图，其方框间的连接必然是错综复杂的，但方框间的基本连接方式只有串联、并联和反馈连接三种。因此，结构图简化的一般方法是移动引出点或比较点，交换比较点，进行方框运算将串联、并联和反馈连接的方框合并。在简化过程中应遵循变换前后变量关系保持等效的原则，具体而言，就是变换前后前向通路中传递函数的乘积应保持不变，回路中传递函数的乘积应保持不变。

（1）串联连接

传递函数分别为 $G_1(s)$ 和 $G_2(s)$ 的两个方框，若 $G_1(s)$ 的输出量作为 $G_2(s)$ 的输入量，则 $G_1(s)$ 和 $G_2(s)$ 称为串联连接。串联环节的信号传递必定满足"前一环节的输出量一定是后一环节的输入量"这样一个简单的连接原则。

由图 2-15（a）可知，$U(s)=G_1(s)R(s)$，$C(s)=G_2(s)U(s)$

消去中间变量 $U(s)$ 得，$C(s)=G_1(s)G_2(s)R(s)=G(s)R(s)$，如图 2-15（b）所示。

两个方框串联连接的等效方框，等于两个方框传递函数之乘积。这个结论可推广到 n 个串联方框情况。

（2）并联连接

传递函数分别为 $G_1(s)$ 和 $G_2(s)$ 的两个方框，如果它们有相同的输入量，而输出量等于两个方框输出量的代数和，则 $G_1(s)$ 和 $G_2(s)$ 称为并联连接。并联环节的信号传递需要满足"信号以相同的方向流入综合点或以相同的方向流出引出点"。

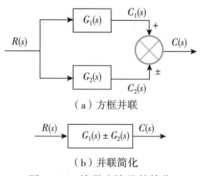

（a）方框并联

（b）并联简化

图 2-16　并联连接及其简化

由图 2-16（a）可知，$C_1(s)=G_1(s)R(s)$，$C_2(s)=G_2(s)R(s)$，$C(s)=C_1(s)\pm C_2(s)$

消去 $C_1(s)$ 和 $C_2(s)$ 得，$C(s)=[G_1(s)\pm G_2(s)]R(s)=G(s)R(s)$，如图 2-16（b）所示。

两个方框并联连接的等效方框，等于两个方框传递函数的代数和。这个结论可以推广到 n 个并联方框情况。

（3）反馈连接

若传递函数分别为 $G(s)$ 和 $H(s)$ 的两个方框，连接形式是两个方框反向并接，如图 2-17 所示，称之为反馈连接。比较点处做加法运算时为正反馈，做减法运算时为负反馈。

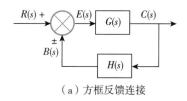

（a）方框反馈连接

（b）反馈连接简化

图 2-17 反馈连接及其简化

由图 2-17（a）可知，$C(s)=G(s)E(s)$，$B(s)=H(s)C(s)$，$E(s)=R(s)\pm B(s)$

消去 $B(s)$ 和 $E(s)$ 得，$C(s)=G(s)[R(s)\pm H(s)C(s)]$

整理得，$\dfrac{C(s)}{R(s)}=\dfrac{G(s)}{1\mp G(s)H(s)}$，如图 2-17（b）所示。

系统输出量 $C(s)$ 与系统输入量 $R(s)$ 的比值 $\dfrac{C(s)}{R(s)}$ 称为系统的闭环传递函数，是反馈连接的等效传递函数。

$$闭环传递函数 = \frac{前向通路传递函数}{1\pm 开环传递函数}$$

式中负反馈时取"+"号，正反馈时取"-"号。

（4）比较点和引出点的移动

在一些复杂系统的动态结构图中，回路之间常存在交叉连接。为了消除交叉连接，便于进行方框的串联、并联或反馈连接的运算，需要移动比较点或引出点的位置。这时应注意在移动前后必须保持信号的等效性，而且比较点和引出点之间一般不交换其位置。表 2-3 汇集了结构图简化（等效变换）的基本规则。

表 2-3 结构图等效变换的基本规则

原方框图	等效方框图	等效运算关系
		比较点前移
		比较点后移

表 2-3（续）

原方框图	等效方框图	等效运算关系
		引出点前移
		引出点后移
		互换比较点
		合并比较点

对于复杂系统的结构图一般都有相互交叉的回环，当需要确定系统的传递函数时，就要根据结构图的等效变换先解除回环的交叉，然后按方框的连接形式等效，依次简化。

例 2-19　用结构图简化的方法求图 2-18 所示系统的传递函数。

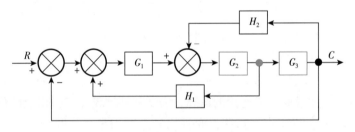

图 2-18　例 2-19 系统结构图

解：步骤一：先将图 2-18 中 G_2 后的引出点后移到方框 G_3 的输出端，如图 2-19 所示。

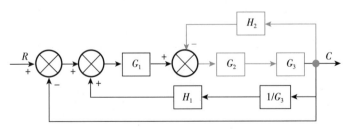

图 2-19　步骤一

步骤二：使用反馈连接简化法，简化图 2-19 中蓝色部分的负反馈环节，简化结果如图 2-20 所示。

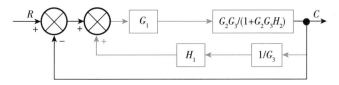

图 2-20 步骤二

步骤三：使用串联和反馈连接简化法，简化图 2-20 中蓝色部分的正反馈环节，简化结果如图 2-21 所示。

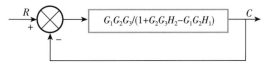

图 2-21 步骤三

步骤四：最后求得系统的传递函数为

$$\frac{C(s)}{R(s)} = \frac{G_1 G_2 G_3}{1 + G_2 G_3 H_2 - G_1 G_2 H_1 + G_1 G_2 G_3}$$

练习 2-5 试简化如图 2-22 所示系统结构图，并求系统传递函数。

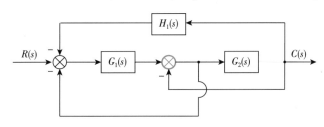

图 2-22 系统结构图（练习）

扫二维码，查看答案：

 课程思政

通过数学模型的等效变换映射自由、平等、诚信、公正、法制原则。同一系统可以采用不同的数学模型（如微分方程、传递函数、方框图、信号流图、频率特性）来描述，微分方程、传递函数、频率特性可以相互转换，方框图和信号流图可以通过等效变换法则求典型的传递函数，变换的目的是进行系统性能分析，先等效变换哪部分是人的自由，但必须遵循等效原则。数学模型的等效变换如同人与人相处之道，必须互相尊重，遵守自由、平等、诚信、友爱、公正的原则；违背这个原则，人与人之间便不会融洽、和谐相处。

2.4.3　控制系统连接的 MATLAB 仿真

模型间连接方式主要有串联连接、并联连接和反馈连接。

（1）两个系统的并联连接

命令格式：sys=parallel（sysl，sys2）

对于单输入单输出系统，parallel 命令相当于符号"＋"。

（2）两个系统的串联连接

命令格式：sys=series（sysl，sys2）

对于单输入单输出系统，series 命令相当于符号"＊"。

（3）两个系统的反馈连接

命令格式：sys=feedback（sys1，sys2，sign）

其中 sign 用于说明反馈性质（正、负）。sign 缺省时，默认为负，即 sign＝-1。

例 2-20　对传递函数：$G_1(s) = \dfrac{7s + 1}{s^2 + 3s + 5}$，　$G_2(s) = \dfrac{1}{(s^2 + 2s + 3)(s + 1)}$ 进行 MAT-LAB 仿真。

①输入两个传递函数，求零极点形式；

②分别串联和并联两个传递函数；

③将串联和并联获得的两个传递函数分别放在前向通路和反馈通路形成负反馈。

解：

键入：

```
>>num1 = [7, 1];%输入 G1 分子系数
>>den1 = [1, 3, 5];%输入 G1 分母系数
>>num2 = [1];%输入 G2 分子系数
>>den2=conv（[1, 2, 3], [1, 1]）;%输入两个多项式因子的乘积作为 G2 分母系数
>>G1 = tf（num1, den1）;
>>G2 = tf（num2, den2）;%输入两个传递函数
>>Gzp1 = zpk（G1）; Gzp2 = zpk（G2）;%求零极点形式
>> [nums, dens] =series（num1, den1, num2, den2）;%将两个传递函数串联方法一
>>Gs = G1 * G2;%将两个传递函数串联方法二
>> [nump, denp] =parallel（num1, den1, num2, den2）;%将两个传递函数并联方法一
>>Gp=G1+G2;%将两个传递函数并联方法二
>>Gf = feedback（G1, G2, -1）;%反馈连接，负反馈为-1，正反馈为+1
```

运行结果：

```
>> G1

G1 =

      7 s+1
    ---------
    s^2+3 s+5
```

Continuous-time transfer function.

```
>> G2
G2 =

              1
      --------------
      s^3+3 s^2+5 s+3
Continuous-time transfer function.
>>Gzp1
Gzp1 =

           7 (s+0.1429)
      -------------------------
            (s^2+3s+5)
Continuous-time zero/pole/gain model.
>>Gzp2
Gzp2 =

               1
      -------------------------
         (s+1) (s^2+2s+3)
Continuous-time zero/pole/gain model.
>>Gs
Gs =

              7 s+1
      -------------------------------
      s^5+6 s^4+19 s^3+33 s^2+34 s+15
Continuous-time transfer function.
>>Gp
Gp =

      7 s^4+22 s^3+39 s^2+29 s+8
      -------------------------------
      s^5+6 s^4+19 s^3+33 s^2+34 s+15
Continuous-time transfer function.
>> Gf
Gf =

      7 s^4+22 s^3+38 s^2+26 s+3
      -------------------------------
      s^5+6 s^4+19 s^3+33 s^2+41 s+16
Continuous-time transfer function.
```

2.5 闭环系统的传递函数

反馈控制系统的传递函数，一般可以由组成系统的元部件运动方程式求得，但由系统结构图求取更方便。闭环控制系统的典型结构图如图 2-23 所示，图中 $R(s)$ 和 $N(s)$ 都是施加于系统的外作用，$R(s)$ 是有用输入作用，简称输入信号；$N(s)$ 是扰动信号；$C(s)$ 是系统的输出信号。

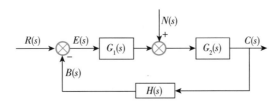

图 2-23　闭环控制系统的典型结构图

系统反馈量 $B(s)$ 与误差信号 $E(s)$ 的比值，称为闭环系统的开环传递函数，即

$$\frac{B(s)}{E(s)} = G_1(s)G_2(s)H(s) \tag{2-18}$$

为了研究有用输入作用对系统输出 $C(s)$ 的影响，需要求有用输入作用下的闭环传递函数 $C(s)/R(s)$。同样，为了研究扰动作用 $N(s)$ 对系统输出 $C(s)$ 的影响，也需要求取扰动作用下的闭环传递函数 $C(s)/N(s)$。

此外，在控制系统的分析和设计中，还常用到在输入信号 $R(s)$ 或扰动信号 $N(s)$ 作用下，以误差信号 $E(s)$ 作为输出量的闭环误差传递函数 $E(s)/R(s)$ 或 $E(s)/N(s)$。以下分别进行研究。

输入作用下系统的闭环传递函数，令 $N(s) = 0$，可求得输入信号 $R(s)$ 到输出信号 $C(s)$ 之间的传递函数为

$$\Phi_{cr}(s) = \frac{C(s)}{R(s)} = \frac{G_1(s)G_2(s)}{1 + G_1(s)G_2(s)H(s)} \tag{2-19}$$

扰动作用下系统的闭环传递函数，令 $R(s) = 0$，可求得扰动信号 $N(s)$ 到输出信号 $C(s)$ 之间的传递函数为

$$\Phi_{cn}(s) = \frac{C(s)}{N(s)} = \frac{G_2(s)}{1 + G_1(s)G_2(s)H(s)} \tag{2-20}$$

系统的总输出为

$$C(s) = \Phi_{cr}(s)R(s) + \Phi_{cn}(s)N(s) =$$
$$\frac{G_1(s)G_2(s)}{1 + G_1(s)G_2(s)H(s)}R(s) + \frac{G_2(s)}{1 + G_1(s)G_2(s)H(s)}N(s) \tag{2-21}$$

闭环系统在输入信号和扰动信号作用下，以误差信号 $E(s)$ 作为输出量时的传递函数称为误差传递函数。

输入作用下的误差传递函数，设 $N(s) = 0$，求得输入信号作用下的误差传递函数为

$$\Phi_{\text{er}}(s) = \frac{E(s)}{R(s)} = \frac{1}{1 + G_1(s)G_2(s)H(s)} \qquad (2\text{-}22)$$

扰动作用下的误差传递函数，设 $R(s) = 0$，求得扰动信号作用下的误差传递函数为

$$\Phi_{\text{en}}(s) = \frac{E(s)}{N(s)} = \frac{-G_2(s)H(s)}{1 + G_1(s)G_2(s)H(s)} \qquad (2\text{-}23)$$

系统的总误差为

$$E(s) = \Phi_{\text{er}}(s)R(s) + \Phi_{\text{en}}(s)N(s) =$$

$$\frac{1}{1 + G_1(s)G_2(s)H(s)}R(s) + \frac{-G_2(s)H(s)}{1 + G_1(s)G_2(s)H(s)}N(s) \qquad (2\text{-}24)$$

本章小结

（1）微分方程：微分方程是描述物理系统动态特性的数学模型，适合用于描述机械系统、电气系统、流体系统，以及热力学系统等物理系统的输入输出特性。因直接利用系统自身的物理规律在时域内建立各物理量之间的数学关系，故微分方程属于时域模型。

（2）线性定常系统的数学模型：线性定常微分方程、传递函数、单位脉冲响应函数、结构图，以及相变量状态空间模型均为线性定常系统的数学模型。所有模型均有其自身优势，模型间可相互转换。

（3）反馈控制系统的数学模型：将系统各部分元件或者环节的输入-输出模型结合起来，通过消除相关中间变量所获得的整个系统的输入-输出数学模型。结构图是推导和简化系统的有效工具。

（4）求解系统响应的方法：拉普拉斯变换法、MATLAB 仿真。

第3章

线性系统的时域分析法

✦ 学习目标：

能理解典型输入信号所表达的物理概念，以及它们对一般自动控制系统时域性能指标建立的意义。

能理解闭环特征根对系统稳定性及动态特性的影响。

能通过劳斯表简单的计算与排列，初步判断单闭环直流调速系统的稳定性。

能理解一阶自动控制系统时域性能指标与实际自动控制系统工作要求之间的关系。

能理解二阶自动控制系统的阻尼比、无阻尼自然振荡频率的物理含意，并了解通过改变自动控制系统阻尼比来改善系统性能指标的物理意义。

✦ 知识要点：

典型输入信号的定义与特征。

控制系统暂态和稳态性能指标的定义及计算方法。

一阶及二阶系统暂态响应的分析方法。

控制系统稳定性的基本概念及稳定判据的应用。

控制系统的稳态误差概念和求取。

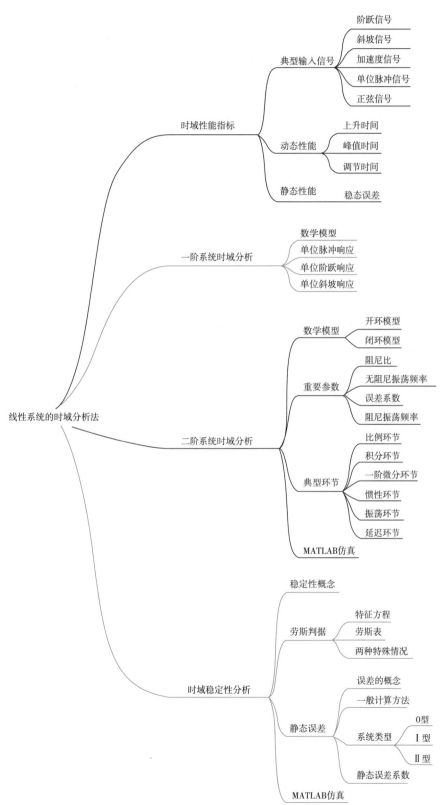

引言

在确定系统的数学模型后，便可以用几种不同的方法去分析控制系统的动态性能和稳态性能。

任何自动控制系统都是与时间相关的。从自动控制系统开始运行到平稳运行，再到结束运行，其整个工作过程中所表现出来的特点就是它的性能，而性能指标则是人们使用自动控制系统时所期望达到的目标。一个自动控制系统在正常工作时，它本身的运行表现与人们所期望的表现之间的差别，就成为系统调试与维护的主要内容，即通过调试与维护，使自动控制系统的运行表现尽可能满足人们对它的期望要求。因此，了解自动控制系统的性能指标与系统哪些因素有关，是对系统进行实际调试与维护工作中所必须了解的理论知识。

在经典控制理论中，常用时域分析法、根轨迹法或频域分析法来分析线性控制系统的性能。时域分析法是一种直接在时间域中对系统进行分析的方法，具有直观、准确的优点，并且可以提供系统时间响应的全部信息。本章主要研究线性控制系统性能的时域分析法。

3.1　时域性能指标

控制系统性能的评价分为动态性能指标和稳态性能指标两类。为了求解系统的时间响应，必须了解输入信号（即外作用）的解析表达式。

3.1.1　典型输入信号

某些系统，例如，室温系统或水位调节系统，其输入信号为要求的室温高低或水位高度，这是设计者所熟知的。但是，一般情况下，自动控制系统的实际输入信号是未知的、无法预测的。例如，在防空火炮系统中，敌机的位置和速度无法预料，使火炮控制系统的输入信号具有了随机性，从而给规定系统的性能要求以及分析和设计工作带来了困难。因此，为了便于进行分析和设计，同时也为了便于对各种控制系统的性能进行比较，我们需要选择一些已知的、能够代表某些典型工作状态的典型测试信号作为被测系统的输入信号，用以分析自动控制系统的性能，我们称之为典型输入信号。所谓典型输入信号，是指根据系统常遇到的输入信号形式，在数学描述上加以理想化的一些基本输入函数。

典型输入信号通常有如下几种，如表 3-1 所示。

表 3-1　典型输入信号

名称	数学表达式	拉氏变换	时域图	实例
阶跃信号	$r(t) = \begin{cases} A & t \geqslant 0 \\ 0 & t < 0 \end{cases}$ $A=1$ 时称为单位阶跃函数	$L[r(t)] = R(s) = \int_0^\infty Ae^{-st}\mathrm{d}t = \dfrac{A}{s}$		室温调节系统、水位调节系统、电源突然接通等，工作状态突然改变或突然受到恒定输入作用的控制系统
斜坡信号	$r(t) = \begin{cases} At & t \geqslant 0 \\ 0 & t < 0 \end{cases}$ A 为常量，$A=1$ 时称为单位斜坡函数	$L[r(t)] = R(s) = \int_0^\infty Ate^{-st}\mathrm{d}t = \dfrac{A}{s^2}$		跟踪通信卫星的天线控制系统、数控机床进给等，输入随时间增长变化时，可选择斜坡函数为典型输入信号
加速度信号	$r(t) = \begin{cases} \dfrac{1}{2}At^2 & t \geqslant 0 \\ 0 & t < 0 \end{cases}$ A 为常量，$A=1$ 时称为单位加速度函数	$L[r(t)] = R(s) = L\left[\dfrac{A}{2}t^2 \cdot 1(t)\right] = \dfrac{A}{s^3}$		电动机的启动与制动、宇宙飞船控制系统的典型输入信号
单位脉冲信号	$r(t) = \delta(t) = \begin{cases} 0 & t \neq 0 \\ \infty & t = 0 \end{cases}$	$L[r(t)] = R(s) = 1$		脉宽很窄的电压信号、瞬间的冲击力等，可选择脉冲函数为典型输入信号
正弦信号	$r(t) = \begin{cases} \sin\omega t & t \geqslant 0 \\ 0 & t < 0 \end{cases}$	$L[r(t)] = R(s) = \int_0^\infty \sin\omega t \cdot e^{-st}\mathrm{d}t = \dfrac{\omega}{s^2 + \omega^2}$		输入作用有周期性变化时选用正弦信号

　　系统的输出由系统的数学模型、系统的初始状态和系统的输入信号形式决定。同一系统中，不同形式的输入信号所对应的输出响应是不同的，但对于线性控制系统来说，它们所表征的系统性能是一致的。

　　在分析系统时究竟采用哪种典型的输入信号通常取决于系统常见的工作状态，并且在所有可能的输入信号中，往往选取最不利的信号作为系统的典型输入信号。

3.1.2 控制系统性能指标

（1）动态过程与稳态过程

系统在输入信号 $r(t)$ 作用下，输出信号 $c(t)$ 随时间变化的规律，就是系统的时域响应。时域响应可分为两部分：动态过程和稳态过程（见图 3-1）。

动态过程又称过渡过程或瞬态过程，指系统在典型输入信号作用下，系统输出量从初始状态到最终状态的响应过程。

稳态过程指系统在典型输入信号作用下，当时间 t 趋于无穷时，系统输出量的表现方式。稳态过程又称稳态响应，表征系统输出量最终复现输入量的程度，提供系统有关稳态误差的信息，用稳态性能描述。稳态过程提供稳态误差（准确性）的信息。

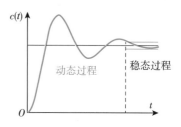

图 3-1　动态过程与稳态过程示意图

（2）动态性能和稳态性能

控制系统在典型输入信号作用下的性能指标，通常由动态性能和稳态性能两部分组成。

稳定是控制系统能够运行的首要条件，因此只有当动态过程收敛时，研究系统的动态性能才有意义。

一般认为，阶跃输入对系统来说是最严峻的工作状态。如果系统在阶跃函数作用下的动态性能满足要求，那么系统在其他形式的函数作用下，其动态性能也是令人满意的。因此，对线性系统而言，系统动态响应的性能指标常常用单位阶跃函数 $1(t)$ 作为测试信号来进行衡量。输入信号为单位阶跃函数时，自动控制系统的输出响应被称为单位阶跃响应，其响应曲线如图 3-2 所示。描述稳定的系统在单位阶跃函数作用下，动态过程随时间的变化状况的指标，称为动态性能指标。

根据单位阶跃响应，在时域建立的线性系统的常用性能指标如下。

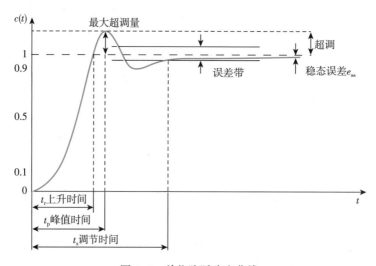

图 3-2　单位阶跃响应曲线

①超调量 $\sigma\%$：指响应的最大偏离量与终值的差与终值比的百分数，即

$$\sigma\% = \frac{c(t_{\mathrm{p}}) - c(\infty)}{c(\infty)} \times 100\%$$

若 $c(t_{\mathrm{p}}) < c(\infty)$，则响应无超调。超调量亦称为最大超调量或百分比超调量。

最大超调量常常用来衡量自动控制系统的相对稳定性。最大超调量越小，说明自动控制系统的动态响应过程进行得越平稳，所以自动控制系统一般不希望有太大的超调。不同的自动控制系统对最大超调量的要求也不同。例如，对一般调速系统，最大超调量可允许为 $10\% \sim 35\%$；轧钢机的初轧机要求最大超调量小于 10%；对连轧机，则要求最大超调量小于 2%；而张力控制的卷扬机、造纸机等则不允许有超调量。

②上升时间 t_{r}：指 $c(t)$ 第一次上升到稳态值所需的时间。

③峰值时间 t_{p}：$c(t)$ 第一次达到峰值所需的时间。如果系统的动态响应没有最大超调量，则峰值时间就没有定义。

④调节时间 t_{s}：指 $c(t)$ 和 $c(\infty)$ 之间的偏差达到允许范围（$2\% \sim 5\%$）时的暂态过程时间。它反映了系统的快速性。一般来说，控制系统的调节时间越小，则系统的快速性就越好。例如，连轧机的调节时间为 $0.2 \sim 0.5\mathrm{s}$，造纸机的调节时间为 $0.3\mathrm{s}$。

自动控制系统动态响应过程的结束时间为 $t \to \infty$。但就实际工程应用而言，自动控制系统的动态响应过程虽然需要很长时间（实际系统的输出量在其稳态值附近做很长时间的微小波动），但作为稳定系统来说，这种响应波动呈衰减趋势。因此，只要实际系统动态响应的输出量进入并一直保持在一个可以接受的误差范围内，就可以认为该控制系统的动态响应过程结束。

⑤稳态误差 e_{ss}：是描述系统稳态性能的指标，通常在阶跃函数、斜坡函数或加速度函数作用下进行测定或计算。若时间趋于无穷时，系统的输出量不等于输入量或输入量的确定函数，则系统存在稳态误差。稳态误差是系统控制精度或抗扰动能力的一种度量。稳态误差是自动控制系统中唯一一个可以由任意测试信号来定义的性能指标，它可以由诸如斜坡信号、抛物线信号，甚至是正弦输入信号来给出类似于阶跃输入信号的定义。图3-2只画出了在阶跃响应下的稳态误差。

✦ 课程思政

通过分析控制系统稳定的重要性，引导学生认识社会稳定的重要意义及自身责任。稳定性是系统能够正常运行的首要条件、先决条件，对于控制系统，不论是时域分析法、根轨迹分析法还是频域分析法，都要对系统稳定性做出判定。只有当系统是稳定的，我们研究系统的动态性能和稳态性能才有意义，才能讨论系统的快速性和准确性，完成预定的控制任务和基本要求。对于社会这个大系统也是一样的。社会稳定是第一要务，只有稳定的社会环境，人民才能安居乐业，国家才能更好地进行物质文明、精神文明建设。大学生要培养好大局意识、责任意识、超前意识。同时，应当重点学理论、学法律、学政策：夯实党的基本理论，用理论丰富头脑，遇事抓住根本；加强法律学习，用法律武装自己，更好地化解矛盾；学懂出台的新政策，有策可凭，按策办事。有了以上维护社会稳定的前提和基础，"动之以情，晓之以理，明之以法"，用情、用理、用法就是最终解决社会矛盾的有效手段。新形势下，维护社会稳定是重要任务，大学生义不容辞，小到"宿舍的稳定""班级的稳定""家庭的稳定"，大到"学校的稳定""社会的稳定""国家的安全稳定", 从而为实现国家 "富强、民主、文明、和谐" 尽自己的努力, 做出应有的贡献。

3.2 控制系统时域性能分析

3.2.1 一阶系统的性能分析

凡是可用一阶微分方程描述的系统, 均称为一阶系统。

（1）一阶系统数学模型

图 3-3 所示的 RC 电路图的微分方程为

$$T \frac{\mathrm{d}c(t)}{\mathrm{d}t} + c(t) = r(t) \tag{3-1}$$

式中, $T=RC$, 时间常数。此 RC 电路结构图如图 3-4 所示, 其典型传递函数为

$$\Phi(s) = \frac{C(s)}{R(s)} = \frac{1}{Ts+1} \tag{3-2}$$

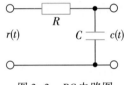
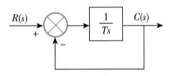

图 3-3　RC 电路图　　　　　图 3-4　RC 电路结构图

（2）一阶系统的单位阶跃响应

当输入信号 $r(t)=1(t)$ 时, 系统的响应 $c(t)$ 称作其单位阶跃响应

$$C(s) = \Phi(s)R(s) = \frac{1}{Ts+1} \cdot \frac{1}{s} = \frac{1}{s} - \frac{1}{s + \frac{1}{T}} \tag{3-3}$$

一阶系统的单位阶跃响应为

$$c(t) = 1 - \mathrm{e}^{-\frac{t}{T}} \qquad (t \geqslant 0) \tag{3-4}$$

一阶系统的单位阶跃响应曲线如图 3-5 所示。

响应曲线在 $[0, \infty)$ 的时间区间中始终不会超过其稳态值, 把这样的响应称为非周期响应。

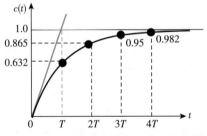

图 3-5　一阶系统的单位阶跃响应曲线

一阶系统响应具备两个重要的特点：

①可以用时间常数 T 去度量系统输出量的数值。

②响应曲线的初始斜率等于 $1/T$。T 反映了系统的惯性，T 越小，惯性越小，响应越快；T 越大，惯性越大，响应越慢。初始斜率也是常用的确定一阶系统时间常数的方法之一。

一阶系统的单位阶跃响应是单调上升的，不存在超调量，用调节时间来作为动态性能指标。根据动态性能指标的定义，一阶系统的动态性能指标为调节时间 t_s。为了提高一阶系统的快速响应和跟踪能力，应该减小系统的时间常数 T

$$\begin{cases} t_s \approx 3T(\Delta = 5\%) \\ t_s \approx 4T(\Delta = 2\%) \end{cases}$$

（3）一阶系统的单位斜坡响应

若系统的输入信号为单位斜坡函数，则输出响应为

$$C(s) = \frac{1}{Ts+1} \cdot \frac{1}{s^2} = \frac{1}{s^2} - \frac{T}{s} + \frac{T}{s + \dfrac{1}{T}} \tag{3-5}$$

$$c(t) = t - T + Te^{-t/T} \qquad (t \geq 0) \tag{3-6}$$

式中，$(t-T)$ 为稳态分量，$Te^{-t/T}$ 为动态分量。

一阶系统的单位斜坡响应曲线是一个与输入斜坡函数斜率相同但在时间上延迟了一个时间常数 T 的斜坡函数，如图 3-6 所示，这表明过渡过程结束后，其稳态输出与单位斜坡输入之间，在位置上仍有误差，一般称为跟踪误差 $c(\infty)$

$$c(\infty) = t - T$$

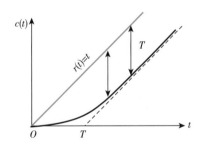

图 3-6　一阶系统的单位斜坡响应曲线

（4）一阶系统的单位脉冲响应

若系统的输入信号为单位脉冲函数，则输出传递函数为

$$C(s) = \frac{1}{Ts+1} \tag{3-7}$$

它恰是系统的闭环传递函数，这时输出脉冲响应函数为

$$c(t) = \frac{1}{T}e^{-t/T} \tag{3-8}$$

一阶系统的单位脉冲响应曲线为一单调下降的指数曲线（见图 3-7）。若定义该指数曲线衰减到其初始值的 5% 所需的时间为脉冲响应调节时间，则仍有 $t_s = 3T$；故系统的惯性越小，响应过程的快速性越好。

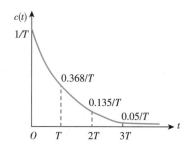

图 3-7　一阶系统的单位脉冲响应曲线

在初始条件为零的情况下，一阶系统的闭环传递函数与脉冲响应函数之间，包含着相同的动态过程信息。这一特点同样适用于其他各阶线性定常系统，因此常以单位脉冲输入信号作用于系统，根据被测系统的单位脉冲响应，可以求得被测系统的闭环传递函数。

一阶系统对上述典型输入信号的响应归纳如表 3-2 所示。由表 3-2 可以得到结论：系统对输入信号导数的响应，就等于系统对该输入信号响应的导数；或者，系统对输入信号积分的响应，就等于系统对该输入信号响应的积分，而积分常数由零输入初始条件确定。研究线性定常系统对于不同信号的时间响应时，只需要取一种典型信号作用于系统并求取其响应，而系统对其他信号的响应可以根据上述结论推导出来。这是线性定常系统的一个重要特性，适用于任何阶线性定常系统，但不适用于线性时变系统和非线性系统。

表 3-2　一阶系统对典型输入信号的响应

输入信号	输出响应
单位脉冲信号	$c(t) = \dfrac{1}{T} e^{-t/T}$
单位阶跃信号	$c(t) = 1 - e^{-\frac{t}{T}}$
单位斜坡信号	$c(t) = t - T + T e^{-t/T}$

例 3-1　一阶系统结构图如图 3-8 所示。

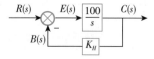

图 3-8　例 3-1 系统结构图

①当 $K_H = 0.1$ 时，求系统单位阶跃响应的调节时间 t_s（5% 误差带）。

②如果要求 $t_s = 0.1\text{s}$，那么系统的反馈系数 K_H 应调整为何值？

解：

①系统闭环传递函数为

$$\Phi(s) = \frac{G(s)}{1 + G(s)H(s)} = \frac{100/s}{1 + (100/s) \times 0.1} = \frac{100}{s + 10} = \frac{10}{1 + s/10}$$

与标准型对比得，$T = 1/10 = 0.1\text{s}$，$t_s = 3T = 0.3\text{s}$。

②系统闭环传递函数为

$$\Phi(s) = \frac{100/s}{1 + K_H \cdot 100/s} = \frac{1/K_H}{1 + s/(100K_H)}$$

要求 $t_s = 0.1\text{s}$，即 $3T = 0.1\text{s}$，则 $\dfrac{1}{100K_H} = \dfrac{0.1}{3}$，得 $K_H = 0.3$。

例 3-2　设单位负反馈系统的单位阶跃响应为 $y(t) = 1 - \text{e}^{-t} - \text{e}^{-2t}$。
①求系统的单位脉冲响应。②求该系统的闭环传递函数和开环传递函数。

解： ①对单位阶跃响应求导，可得单位脉冲响应函数

$$y(t) = \text{e}^{-t} + 2\text{e}^{-2t}$$

②对①中响应函数求拉氏变换，可得系统的闭环传递函数

$$G(s) = \frac{1}{s+1} + \frac{2}{s+2} = \frac{3s+4}{s^2+3s+2} = \frac{G_0}{1+G_0}$$

可求出系统的开环传递函数

$$G_0 = \frac{3s+4}{s^2-2}$$

练习 3-1　设一阶系统的传递函数 $G(s) = 7/(s+2)$，其阶跃响应曲线在 $t=0$ 处的切线斜率为（　　）。

A. 7　　　　　　　　B. 2　　　　　　　　C. 7/2　　　　　　　　D. 1/2

练习 3-2　设一阶系统的传递函数 $G(s) = 2/(s+1)$，且容许误差为 5%，则其调整时间为（　　）s。

A. 1　　　　　　　　B. 2　　　　　　　　C. 3　　　　　　　　D. 4

3.2.2　二阶系统的性能分析

凡以二阶微分方程描述运动方程的控制系统，均称为二阶系统。二阶系统不仅在工程中比较常见，而且许多高阶系统也可以转化为二阶系统来研究，因此研究二阶系统具有很重要的意义。

3.2.2.1　二阶系统的数学模型

图 3-9 所示 RLC 电路的微分方程为

$$LC \frac{\text{d}^2 c(t)}{\text{d}t^2} + RC \frac{\text{d}c(t)}{\text{d}t} + c(t) = r(t) \tag{3-9}$$

系统闭环传递函数为

$$\Phi(s) = \left. \frac{C(s)}{R(s)} \right|_{\text{零初始条件}} = \frac{1}{T^2 s^2 + 2\zeta T s + 1} = \frac{\omega_n^2}{s^2 + 2\zeta\omega_n s + \omega_n^2} \tag{3-10}$$

其中，$T = \sqrt{LC}$，$\omega_n = 1/T$，$\zeta = \dfrac{R}{2}\sqrt{\dfrac{C}{L}}$。

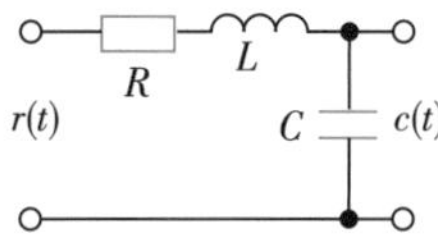

图 3-9　RLC 电路图

为了便于分析，通常构造出二阶系统的典型结构图，如图 3-10 所示。

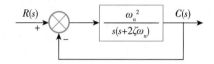

图 3-10　二阶系统的典型结构图

可求出二阶系统闭环传递函数的标准形式

$$\varPhi(s) = \frac{\dfrac{\omega_n^2}{s(s + 2\zeta\omega_n)}}{1 + \dfrac{\omega_n^2}{s(s + 2\zeta\omega_n)}} = \frac{\omega_n^2}{s^2 + 2\zeta\omega_n s + \omega_n^2} \tag{3-11}$$

二阶系统有两个结构参数：ζ（阻尼比）和 ω_n（无阻尼自然振荡频率）。二阶系统的性能分析和描述，都是用这两个参数表示的。

令式（3-11）的分母多项式为零，可得二阶系统的特征方程 $s^2 + 2\zeta\omega_n s + \omega_n^2 = 0$，其两个根（闭环极点）为 $s_{1,2} = -\zeta\omega_n \pm 2\omega_n\sqrt{\zeta^2 - 1}$。

对于不同的二阶系统，阻尼比和无阻尼自然振荡频率的含义是不同的，二阶系统的闭环极点的性质也不同；但就一般实际的物理系统而言，典型二阶系统的系统参数都有着明确的物理意义。

对于任意一个给定的二阶系统来说，其本身的无阻尼自然振荡频率一般是固定的，能改变的往往是系统的阻尼比（值得注意的是，当改变系统的阻尼比时，系统的无阻尼自然振荡频率也会随之变化）。因此，在实际的讨论中，一般只讨论当改变二阶系统的阻尼比时，二阶系统不同的极点所呈现出来的、对单位阶跃输入信号的输出响应特性。

二阶系统的特征根表达式中，随着阻尼比 ζ 的取值不同，特征根有不同类型的值，或者说在 s 平面上有不同的分布规律。

①当 $\zeta > 1$ 时，特征根为一对不等值的负实根，位于 s 平面的负实轴上，使得系统的响应表现为过阻尼。

②当 $\zeta = 0$ 时，特征根为一对幅值相等的虚根，位于 s 平面的虚轴上，使得系统的响应表现为无阻尼的等幅振荡过程。

③当 $0 < \zeta < 1$ 时，特征根为一对具有负实部的共轭复根，位于 s 平面的左半平面上，使得系统的响应表现为欠阻尼。

④当 $\zeta = 1$ 时，特征根为一对等值的负实根，位于 s 平面的负实轴上，使得系统的响应表现为临界阻尼。

⑤当 $\zeta < 0$ 时，特征根位于 s 平面的右半平面，使得系统的响应表现为幅值随时间增加而发散。

阻尼比取不同值时，二阶系统根的分布如图 3-11 所示。

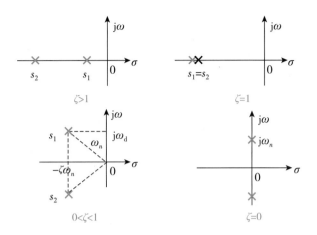

图 3-11　二阶系统根的分布图

3.2.2.2　二阶系统的单位阶跃响应

当输入信号 $r(t) = 1(t)$ 时，系统的响应 $c(t)$ 称作其单位阶跃响应。由式（3-11）闭环传递函数可求出输出的拉氏变换为

$$C(s) = \Phi(s)R(s) = \frac{\omega_n^2}{s^2 + 2\zeta\omega_n s + \omega_n^2} \cdot \frac{1}{s} =$$

$$\frac{\omega_n^2}{s(s - s_1)(s - s_2)} \tag{3-12}$$

式中 s_1，s_2 是系统的两个闭环特征根。

对式（3-12）两端取拉氏反变换，可以求出系统的单位阶跃响应表达式。阻尼比在不同的范围内取值时，二阶系统的特征根在 s 平面上的位置不同，二阶系统的时间响应对应有不同的运动规律，下面分别加以讨论。

（1）无阻尼情况 $\zeta = 0$

特征方程的极点为一对纯虚根，即

$$s_{1,2} = \pm j\omega_n$$

系统的单位阶跃响应表达式为

$$c(t) = 1 - e^{-\zeta\omega_n t}\left(\cos\omega_d t + \frac{\zeta}{\sqrt{1 - \zeta^2}}\sin\omega_d t\right) = 1 - \cos\omega_n t \tag{3-13}$$

系统的单位阶跃响应如图 3-12 所示。此时输出将以频率 ω_n 做等幅振荡，所以，ω_n 称为无阻尼自然振荡角频率。

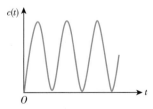

图 3-12　二阶系统的单位阶跃响应（无阻尼）

（2）临界阻尼情况 $\zeta = 1$

特征方程的极点为一对负重实根，即

$$s_1 = s_2 = -\omega_n$$

系统的单位阶跃响应表达式为

$$c(t) = 1 - e^{-\omega_n t}(1 + \omega_n t) \qquad (t \geqslant 0) \qquad (3\text{-}14)$$

系统的单位阶跃响应如图 3-13 所示。此时响应是稳态值为 1 的非周期上升过程，其变化率：$t=0$，变化率为 0；$t>0$，变化率为正，$c(t)$ 单调上升；$t \rightarrow \infty$，变化率趋于 0。整个过程不出现振荡，无超调，稳态误差 $=0$。

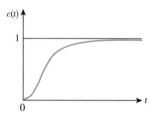

图 3-13　二阶系统的单位阶跃响应（临界阻尼）

（3）欠阻尼情况 $0<\zeta<1$

特征方程的极点为一对共轭复数根，即

$$s_{1,2} = -\zeta\omega_n \pm j2\omega_n\sqrt{1-\zeta^2} = -\zeta\omega_n \pm j\omega_d$$

系统的单位阶跃响应表达式为

$$c(t) = 1 - e^{-\zeta\omega_n t}\left(\cos\omega_d t + \frac{\zeta}{\sqrt{1-\zeta^2}}\sin\omega_d t\right) =$$

$$1 - \frac{1}{\sqrt{1-\zeta^2}}e^{-\zeta\omega_n t}\sin(\omega_d t + \beta) \quad (t \geqslant 0) \qquad (3\text{-}15)$$

其中，$\omega_d = 2\omega_n\sqrt{1-\zeta^2}$ 称为阻尼振荡角频率，$\beta = \arccos\zeta$。

式（3-15）表示的是一个衰减振荡的曲线，如图 3-14 所示。

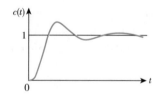

图 3-14　二阶系统的单位阶跃响应（欠阻尼）

欠阻尼二阶系统的单位阶跃响应由两部分组成：稳态分量为 1，表明系统在 $1(t)$ 作用下不存在稳态位置误差；动态响应是阻尼正弦项，其振荡频率为阻尼振荡频率 ω_d，而其幅值则按指数曲线衰减，两者均由参数 ζ 和 ω_n 决定。

（4）过阻尼情况 $\zeta>1$

特征方程的极点为两个不相等的负实根，即

$$s_{1,2} = -\zeta\omega_n \pm 2\omega_n\sqrt{\zeta^2-1}$$

系统的单位阶跃响应表达式为

$$c(t) = 1 + \frac{e^{-t/T_1}}{T_2/T_1 - 1} + \frac{e^{-t/T_2}}{T_1/T_2 - 1} \tag{3-16}$$

系统的单位阶跃响应如图 3-15 所示。响应特性包含两个单调衰减的指数项，且它们的代数和不会超过 1，因而响应是非振荡的，调节速度慢（不同于一阶系统）。

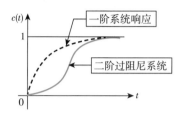

图 3-15 二阶系统的单位阶跃响应（过阻尼）

欠阻尼系统比临界阻尼系统更快达到稳态值；过阻尼系统反应迟钝，动作缓慢，故一般二阶系统都设计成欠阻尼系统。

扫二维码，查看图表

3.2.2.3 欠阻尼二阶系统的性能指标

对于允许在调节过程中有适度振荡，并希望有较快响应速度的控制系统，则将欠阻尼二阶系统作为预期模型，或按欠阻尼二阶系统具有的相似特性来设计高阶系统；因此，有关自动控制系统时域性能指标的讨论也只限于欠阻尼二阶系统。借助于典型系统的单位阶跃响应曲线及所建立的时域性能指标，对比二阶系统在欠阻尼时的单位阶跃响应函数表达式，可以得到时域性能指标的计算公式。此处省略推导公式，将性能指标汇总如表 3-3 所示。

表 3-3 欠阻尼二阶系统的性能指标

性能指标	定义	计算公式	相关参数
上升时间 t_r	从零上升至第一次到达稳态值所需的时间，是系统响应速度的一种度量。t_r 越小，响应越快	$t_r = \dfrac{\pi - \arccos\zeta}{\omega_n\sqrt{1-\zeta^2}} = \dfrac{\pi - \beta}{\omega_d}$	当 ω_n 一定时，阻尼比 ζ 越小，则上升时间越小，系统的响应速度就越快；而当阻尼比一定时，系统的无阻尼自然振荡频率 ω_n 越大，则上升时间也越小，系统的响应速度也就越快
峰值时间 t_p	响应超过稳态值，到达第一个峰值所需的时间	$t_p = \dfrac{\pi}{\omega_n\sqrt{1-\zeta^2}} = \dfrac{\pi}{\omega_d}$	当 ω_n 一定时，阻尼比 ζ 越小，则峰值时间越小，系统达到第一个最大峰值的速度也就越快；而当阻尼比一定时，系统的无阻尼自然振荡频率 ω_n 越大，则峰值时间也越小，系统的响应速度也就越快

表 3-3（续）

性能指标	定义	计算公式	相关参数
超调量 $\sigma\%$	响应曲线偏离阶跃曲线最大值，用百分比表示	$\sigma\% = e^{-\frac{\zeta}{\sqrt{1-\zeta^2}}\pi} \times 100\%$	最大超调量是阻尼比 ζ 的函数，ζ 越大，最大超调量就越小，系统的相对稳定性也就越好。在实际工程设计中，阻尼比 ζ 一般是根据系统所提出的最大超调量的性能指标要求来确定的
调节时间 t_s	响应曲线衰减到与稳态值之差不超过5%所需要的时间	$t_s = \dfrac{3}{\zeta\omega_n}$ $\Delta = 5\%c(\infty)$ $t_s = \dfrac{4}{\zeta\omega_n}$ $\Delta = 2\%c(\infty)$	由于调节时间的定义较为复杂，因此为了简便计算，有近似的调节时间公式。 调节时间与闭环极点的实部数值成反比。闭环极点距虚轴的距离越远，系统的调节时间越短。由于阻尼比主要根据对系统超调量的要求来确定，所以调节时间主要由自然振荡频率决定。若能保持阻尼比不变而加大自然振荡频率值，则可以在不改变超调量的情况下缩短调节时间

从上述各项动态性能指标的计算公式可以看出，各指标之间是有矛盾的。比如，上升时间和超调量，即响应速度和阻尼程度，不能同时达到满意的结果。对于既要增强系统的阻尼程度，又要系统具有较高响应速度的二阶控制系统设计，需要采取合理的折中方案或补偿方案，才能达到设计的目的。

例 3-3 单位负反馈随动系统如图 3-16 所示。

①确定系统特征参数与实际参数的关系；

②若 $K = 16\text{rad/s}$、$T = 0.25\text{s}$，试计算系统的动态性能指标。

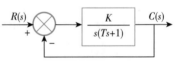

图 3-16 例 3-3 单位负反馈随动系统

解：①系统的闭环传递函数为

$$\Phi(s) = \frac{K}{Ts^2 + s + K} = \frac{K/T}{s^2 + s/T + K/T}$$

与典型二阶系统比较可得，$K/T = \omega_n^2$，$1/T = 2\zeta\omega_n$

②当 $K = 16\text{rad/s}$，$T = 0.25\text{s}$ 时

$$\omega_n = \sqrt{K/T} = 8\text{rad/s}$$

$$\zeta = \frac{1}{2\sqrt{KT}} = 0.25$$

$$\sigma\% = e^{-\frac{0.25}{\sqrt{1-0.25^2}}\pi} \times 100\% = 47\%$$

$$t_r = \frac{\pi - \arccos 0.25}{8\sqrt{1 - 0.25^2}} = 0.24\text{s}$$

$$t_p = \frac{\pi}{8\sqrt{1 - 0.25^2}} = 0.41\text{s}$$

$$t_s = \frac{3}{\zeta \omega_n} = \frac{3}{0.25 \times 8} = 1.5s \ (\Delta = 5\%)$$

3.2.3 时域性能分析的 MATLAB 仿真

（1）单位阶跃响应

命令格式：step(num, den)或 y=step(num, den, t)

（2）单位脉冲响应

命令格式：impulse(num, den)或 y=impulse(num, den, t)

注意：时间 t 是事先定义的矢量。

例3-4 系统传递函数为 $G(s) = \dfrac{4}{s^2+s+4}$，用 MATLAB 做出其单位阶跃响应曲线、单位脉冲相应曲线。

解：例程如下。

①阶跃响应（曲线见图 3-17）

```
>>num=[4];%传递函数分子
den=[1 1 4];%传递函数分母
step(num, den) %阶跃响应
title('阶跃响应 姓名 学号')%响应曲线名称
```

②脉冲响应（曲线见图 3-18）

```
>>impulse(num, den)%脉冲响应
title('脉冲响应 姓名 学号')%响应曲线名称
```

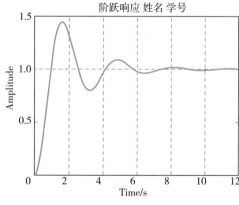

图 3-17 例 3-4 阶跃响应曲线

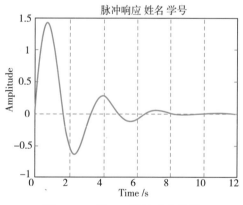

图 3-18 例 3-4 脉冲响应曲线

例3-5 仿真观察阻尼比 ζ 对二阶系统时域响应的影响。

解：例程如下。

```
wn=10；zeta=[-0.1, 0, 0.2, 0.7, 1, 2];
t=0: 0.1: 9;
hold on
for i=1: length(zeta)
```

```
            sys = tf(wn^2, [1, 2 * zeta(i) * wn, wn^2]);
            step(sys, t)
        end
    hold off
    grid on
    gtext('ζ=-0.1'); gtext('ζ=0'); gtext('ζ=0.2'); gtext('ζ=0.7'); gtext('ζ=1.0');
gtext('ζ=2.0')
```

仿真结果如图 3-19 所示。

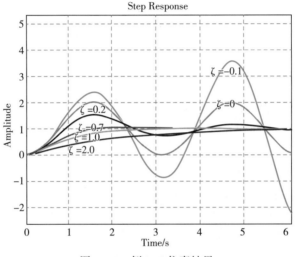

图 3-19　例 3-5 仿真结果

3.3　时域稳定性分析

稳定是控制系统的重要性能，也是系统能够正常运行的首要条件。控制系统在实际运行过程中，总会受到外界和内部一些因素的扰动，如负载和能源的波动、系统参数的变化、环境条件的改变等。如果系统不稳定，就会在任何微小的扰动作用下偏离原来的平衡状态，并随时间的推移而发散。因而，如何分析系统的稳定性并提出保证系统稳定的措施，是自动控制理论的基本任务之一。

3.3.1　稳定性基本概念

如果系统受到有界扰动，不论扰动引起的初始偏差有多大，当扰动取消后，系统都能以足够的准确度恢复到初始平衡状态，则这种系统称为大范围稳定的系统；如果系统受到有界扰动，只有当扰动引起的初始偏差小于某一范围时，系统才能在取消扰动后恢复到初始平衡状态，否则就不能恢复到初始平衡状态，则这种系统称为小范围稳定的系统。

对于稳定的线性系统，它必然在大范围内和小范围内都能稳定，只有非线性系统才可能有小范围稳定而大范围不稳定的情况。

设一线性定常系统原处于某一平衡状态，若它在瞬间受到某一扰动而偏离了原有的平衡状态。当此扰动撤消后，系统借助于自身的调节作用，如能使偏差不断减小，最后仍能回到原来的平衡状态，则称此系统是稳定的；反之，则称此系统是不稳定的。

线性控制系统稳定性的定义如下：若线性控制系统在初始扰动 $\delta(t)$ 的影响下，其过渡过程随着时间的推移逐渐衰减并趋向于零，则称系统为稳定系统，其响应曲线如图 3-20（a）所示；反之，则为不稳定系统，其响应曲线如图 3-20（b）所示。

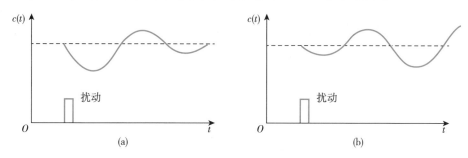

图 3-20　稳定与不稳定系统的响应曲线

3. 3. 2　线性系统稳定的充分必要条件

线性系统的稳定性只取决于系统自身固有特性，而与输入信号无关。根据定义输入扰动 $\delta(t)$，设扰动响应为 $c_n(t)$。如果当 $t \to \infty$ 时，$c_n(t)$ 收敛到原来的平衡点，即有

$$\lim_{t \to \infty} c_n(t) = 0$$

那么，线性系统是稳定的。不失一般性，设 n 阶系统的闭环传递函数为

$$\varphi_{cn}(s) = \frac{K(s - z_1)(s - z_2) \cdots (s - z_m)}{(s - p_1)(s - p_2) \cdots (s - z_n)} \tag{3-17}$$

令 $n(t) = \delta(t)$，并设系统的初始条件为零，则系统输出（干扰引起的输出）信号的拉氏变换式为

$$C(s) = \frac{c_1}{(s - p_1)} + \frac{c_2}{(s - p_2)} + \cdots + \frac{c_n}{(s - p_n)} = \sum_{i=1}^{n} \frac{c_i}{(s - p_i)} \tag{3-18}$$

取拉氏反变换

$$c(t) = \sum_{i=1}^{n} c_i \mathrm{e}^{p_i t} \tag{3-19}$$

从式（3-19）不难看出，欲满足条件 $\lim_{t \to \infty} c(t) = 0$，必须使系统的特征根全部具有负实部，即

$$\mathrm{Re}\, p_i < 0 \ (i = 1,\ 2,\ \cdots,\ n)$$

由此得出控制系统稳定的充分必要条件是：系统特征方程式根的实部均小于零，或系统的特征根均在根平面的左半平面。

3. 3. 3　劳斯判据

根据稳定的充要条件判定系统的稳定性，必须知道系统特征根的全部符号。如果能解

出全部根，则立即可判断系统的稳定性。然而对于高阶系统，求根的工作量很大，常常希望使用一种直接判断根是否全在 s 左半平面的代替方法，下面就介绍劳斯代数稳定判据。

设线性系统的闭环特征方程为

$$D(s) = a_0 s^n + a_1 s^{n-1} + a_2 s^{n-2} + \cdots + a_{n-1} s + a_n = a_0 \prod_{i=1}^{n} (s - s_i) = 0 \qquad (3-20)$$

系统稳定的充要条件是：特征方程式的全部系数为正，且由该方程式制作的劳斯表中第一列全部元素都为正。若不满足，则不稳定。劳斯表中第一列元素符号改变的次数，等于相应特征方程式位于右半 s 平面上根的个数。

将特征多项式的系数排成下面的行和列，即为劳斯表

$$
\begin{array}{c|ccccc}
s^n & a_0 & a_2 & a_4 & a_6 & \cdots \\
s^{n-1} & a_1 & a_3 & a_5 & a_7 & \cdots \\
s^{n-2} & b_1 & b_2 & b_3 & b_4 & \cdots \\
s^{n-3} & c_1 & c_2 & c_3 & c_4 & \cdots \\
\vdots & \vdots & \vdots & \vdots & \vdots & \vdots \\
s^0 & a_0 & & & &
\end{array}
$$

其中

$$b_1 = \frac{a_1 a_2 - a_0 a_3}{a_1}, \quad b_2 = \frac{a_1 a_4 - a_0 a_5}{a_1} \cdots$$

$$c_1 = \frac{b_1 a_3 - a_1 b_2}{b_1}, \quad c_2 = \frac{b_1 a_5 - a_1 b_3}{b_1} \cdots$$

例 3-6 设特征方程 $D(s) = s^4 + 2s^3 + 3s^2 + 4s + 5 = 0$，试用劳斯判据判别该特征方程的正实部根的数目。

解： 系统的劳斯表为

$$
\begin{array}{c|ccc}
s^4 & 1 & 3 & 5 \\
s^3 & 2 & 4 & \\
s^2 & 1 & 5 & \\
s^1 & -6 & & \\
s^0 & 5 & &
\end{array}
$$

由劳斯表第一列元素的符号改变了 2 次，可以判定系统不稳定，且 s 右半平面有 2 个根。

当应用劳斯稳定判据分析线性系统的稳定性时，有时会遇到两种特殊情况，使得劳斯表中的计算无法进行到底，因此需要进行相应的数学处理，处理的原则是不影响劳斯稳定判据的判别结果。

①劳斯表中某行的第一列项为零，而其余各项不为零，或不全为零。

此时，计算劳斯表下一行的第一个元素时将出现无穷大，使劳斯稳定判据的运用失效。可作如下处理：用一个很小的正数 ε 来代替第一列为零的项，继续劳斯表。

例 3-7 系统的特征方程为 $D(s) = s^3 - 3s + 2 = 0$，试用劳斯判据确定正实部根的个数。

解： 系统的劳斯表为

$$
\begin{array}{c|cc}
s^3 & 1 & -3 \\
s^2 & 0 & 2 \\
s^1 & \infty & \\
s^0 & &
\end{array}
$$

用一个很小的正数 ε 来代替第一列为零的项，从而使劳斯表继续下去。

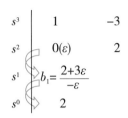

因为 $\varepsilon \to 0^+$ 时，$b_1 < 0$，劳斯表中第一列元素符号改变了 2 次，所以系统有 2 个正根，不稳定。

②劳斯表中某行元素全为零。

此时，特征方程中存在关于原点对称的根（实根、共轭虚根或共轭复数根）。对此情况，可作如下处理：用全零行的上一行的系数构成一个辅助方程，对辅助方程求导，用所得方程的系数代替全零行，继续劳斯表。

例3-8　设某线性系统的闭环特征方程为 $D(s) = s^6 + s^5 - 2s^4 - 3s^3 - 7s^2 - 4s - 4 = 0$，试用劳斯判据判断系统稳定性。

解：该系统的劳斯表如下

$$
\begin{array}{c|cccc}
s^6 & 1 & -2 & -7 & -4 \\
s^5 & 1 & -3 & -4 & \\
s^4 & 1 & -3 & -4 & \\
s^3 & 0 & 0 & 0 & \\
s^2 & & & &
\end{array}
$$

出现全零行，用全零行的上一行的系数构成一个辅助方程，对辅助方程求导，用所得方程的系数代替全零行。

$$
\begin{array}{c|cccl}
s^6 & 1 & -2 & -7 & -4 \\
s^5 & 1 & -3 & -4 & \\
s^4 & 1 & -3 & -4 & \to F(s) = s^4 - 3s^2 - 4 = 0 \\
s^3 & 4 & -6 & 0 & \leftarrow F'(s) = 4s^3 - 6s = 0 \\
s^2 & -1.5 & -4 & & \\
s^1 & -16.7 & 0 & & \\
s^0 & -4 & & &
\end{array}
$$

由于劳斯表中第一列数值有 1 次符号变化，故本系统不稳定，且有 1 个正实部根。用

辅助方程 $F(s)=s^4-3s^2-4=0$，可求出根：$s_1=-2$，$s_2=2$，$s_3=\mathrm{j}$，$s_4=-\mathrm{j}$。

3.3.4 时域稳定性分析的 MATLAB 仿真

（1）通过求解系统闭环特征根判断系统稳定性

命令格式：roots(C)

其中，C 为多项式系数构成的一维向量，可通过求解系统闭环特征根进行稳定性判别。

例 3-9 已知闭环特征方程为 $s^2+3s^2+s+55=0$，利用 MATLAB 判断系统稳定性。

解： 例程如下。

den = [1 3 1 55];

roots（den）

ans =

−5.0000+0.0000i

1.0000+3.1623i

1.0000−3.1623i

由计算结果可知，特征根中有两个根的实部为正，所以闭环系统是不稳定的。

（2）通过绘制零极点图判断系统的稳定性

命令格式：pzmap（num，den）

例 3-10 已知系统闭环传递函数如下，通过零极点位置判断系统稳定性。

$$T(s)=\frac{3s^4+2s^3+5s^2+4s+6}{s^5+3s^4+4s^3+2s^2+7s+2}$$

解： 例程如下。

\>\> num = [0 3 2 5 4 6];

\>\> den = [1 3 4 2 7 2];

\>\> pzmap（num，den）;

\>\>title（'系统的零极点图'）

系统的零极点图如图 3-21 所示。

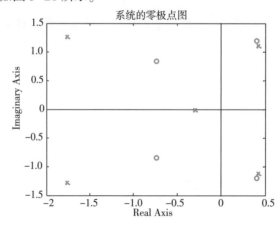

图 3-21　例 3-10 系统的零极点图

由零极点图可知，特征根中有两个根的实部为正，所以闭环系统是不稳定的。

3.4 稳态误差计算

控制系统的稳态误差，是系统控制精度的一种度量，通常称为稳态性能。稳态响应之所以重要，是因为它表明了当输入信号发生变化时，自动控制系统经过一段时间的自动调整之后，最终停在了什么地方，产生了什么样的稳定输出，并且这个输出是否能满足人们所期望的结果。因此，自动控制系统的稳态响应反映了自动控制系统跟踪输入量的精确程度，以及抑制扰动量的能力。

一个符合工程要求的系统，其稳态误差必须控制在允许的范围之内。例如，工业加热炉的炉温误差若超过其允许的限度，就会影响加工产品的质量。又如造纸厂中卷绕纸张的恒张力控制系统，要求纸张在卷绕过程中张力的误差保持某一允许的范围之内。若张力过小，就会出现松滚现象；而张力过大，又会引起纸张的断裂。稳态响应性能的优劣，一般是以稳态误差的大小来进行度量的。在控制系统设计中，稳态误差是一项重要的技术指标。对于一个实际的控制系统，由于系统结构、输入作用的类型、输入函数的形式不同，控制系统的稳态输出不可能在任何情况下都与输入量一致或相当，也不可能在任何形式的扰动作用下都能准确地恢复到原平衡位置。此外，控制系统中不可避免地存在摩擦、间隙、不灵敏区、零位输出等非线性因素，而它们都会造成附加的稳态误差。可以说，控制系统的稳态误差是不可避免的，控制系统设计的任务之一，是尽量减小系统的稳态误差或使稳态误差小于某一容许值。显然，只有当系统稳定时，研究稳态误差才有意义；对于不稳定的系统而言，根本不存在研究稳态误差的可能性。有时，把在阶跃函数作用下没有原理性稳态误差的系统，称为无差系统；而把具有原理性稳态误差的系统，称为有差系统。

3.4.1 稳态误差的概念

典型系统框图如图 3-22 所示。定义误差有两种方法：

（1）从输出端定义。它等于系统输出量的期望值与实际值之差。输出的真值有时很难得到，误差往往难以测量。

（2）从输入端定义。它等于系统的输入信号与反馈信号之差。此种误差在实际系统中是可以量测的。

$$E(s) = R(s) - B(s) \tag{3-21}$$

当反馈为单位反馈时，即 $H(s) = 1$ 时，两种定义是一致的。

稳态误差是衡量系统最终控制精度的重要性能指标。稳态误差是指稳态响应的期望值与实际值之差，即稳定系统误差的终值

$$e_{ss} = \lim_{t \to \infty} e(t) \tag{3-22}$$

利用拉普拉斯变换的终值定理，可得

$$e_{ss} = \lim_{t \to \infty} e(t) = \lim_{s \to \infty} sE(s) \tag{3-23}$$

稳态误差可以分为由给定输入信号引起的误差和由扰动信号引起的误差两种。

只考虑给定信号 $R(s)$ 作用时，扰动信号 $N(s)=0$。系统框图可变换为图 3-23 所示框图。

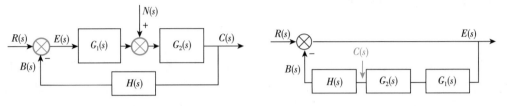

图 3-22　典型系统框图　　　　图 3-23　只有给定信号作用时的系统框图

误差传递函数为

$$\Phi_E(s) = \frac{E(s)}{R(s)} = \frac{1}{1 + G_1(s)G_2(s)H(s)} \tag{3-24}$$

只考虑扰动信号 $N(s)$ 作用时，给定信号 $R(s)=0$。系统框图可变换为图 3-24 所示框图。

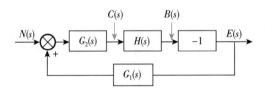

图 3-24　只有扰动信号作用时的系统框图

误差传递函数为

$$\Phi_{NE}(s) = \frac{E(s)}{N(s)} = -\frac{G_2(s)H(s)}{1 + G_1(s)G_2(s)H(s)} \tag{3-25}$$

当给定信号和扰动信号同时作用时，误差函数的拉普拉斯变换为

$$E(s) = \Phi_E(s)R(s) + \Phi_{NE}(s)N(s) =$$

$$\frac{1}{1 + G_1(s)G_2(s)H(s)}R(s) + \frac{-G_2(s)H(s)}{1 + G_1(s)G_2(s)H(s)}N(s) \tag{3-26}$$

3.4.2　稳态误差的一般计算方法

计算稳态误差的一般步骤：

①判定系统的稳定性（对于稳定系统求 e_{ss} 才有意义）；

②按误差定义求出系统误差传递函数 $\Phi_E(s)$ 或 $\Phi_{NE}(s)$；

③利用终值定理计算稳态误差 $e_{ss} = \lim\limits_{s \to 0} s[\Phi_E(s)R(s) + \Phi_{NE}(s)N(s)]$。

例 3-11　设单位反馈控制系统的开环传递函数为 $G(s) = \dfrac{1}{Ts}$（$T>0$），试求当输入信号分别为 $r(t)=1(t)$，$r(t)=t$ 时，控制系统的稳态误差。

解：首先判定系统稳定。

①当 $r(t)=1(t)$ 时，$R(s)=1/s$

$$E(s) = \frac{1}{1 + G(s)}R(s) = \frac{s}{s + 1/T} \cdot \frac{1}{s}$$

$$e_{ss} = \lim_{s \to 0} sE(s) = 0$$

②当 $r(t) = t$ 时，$R(s) = 1/s^2$

$$E(s) = \frac{s}{s + 1/T} \cdot \frac{1}{s^2}$$

$$e_{ss} = \lim_{s \to 0} sE(s) = \lim_{s \to 0} \frac{s}{s + 1/T} \cdot \frac{1}{s} = T$$

练习 3-3　某控制系统的系统框图如图 3-25 所示，当输入 $r(t) = 4t$ 时，求系统的稳态误差 e_{ss}。

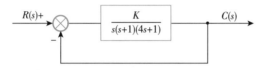

图 3-25　练习 3-3 系统框图

扫二维码，查看答案：

3.4.3　系统类型与静态误差系统

3.4.3.1　系统类型

假设开环传递函数 $G_k(s)$ 的形式如下

$$G_k(s) = \frac{K}{s^\nu} \cdot \frac{\prod\limits_{i=1}^{m_1}(\tau_i s + 1)\prod\limits_{k=1}^{m_2}(\tau_k s^2 + 2\zeta_k \tau_k s + 1)}{\prod\limits_{j=1}^{n_1}(T_j s + 1)\prod\limits_{l=1}^{n_2}(T_l s^2 + 2\zeta_l T_l s + 1)} = \frac{K}{s^\nu} \cdot G_0(s) \tag{3-27}$$

式中，K 为开环增益；ν 为开环系统在 s 平面坐标原点的极点重数，当 $\nu = 0$，1，2 时，系统分别称为 0 型、Ⅰ型、Ⅱ型系统。

这种以开环系统在 s 平面坐标原点上的极点重数来分类的方法，其优点在于：可以根据已知的输入信号形式，迅速判断系统是否存在原理性稳态误差及稳态误差的大小。它与按系统的阶次进行分类的方法不同，阶次 m 与 n 的大小与系统的型别无关，且不影响稳态误差的数值。

稳态误差的计算通式为

$$e_{ssr} = \lim_{s \to 0} \frac{sR(s)}{1 + G_k(s)} = \lim_{s \to 0} \frac{sR(s)}{1 + \dfrac{K}{s^\nu}G_0(s)} = \lim_{s \to 0} \frac{s^{\nu+1}R(s)}{s^\nu + K} \tag{3-28}$$

式（3-29）表明，影响稳态误差的诸因素是：系统型别、开环增益、输入信号的形式和幅值。下面讨论不同型别系统在不同输入信号形式作用下的稳态误差计算。由于实际输入多为阶跃函数、斜坡函数和加速度函数，或者是其组合，因此只考虑系统分别在阶跃、斜坡或加速度函数输入作用下的稳态误差计算问题。

3.4.3.2 阶跃输入作用下的稳态误差和静态位置误差系数

当输入为 $R(s) = \dfrac{1}{s}$（单位阶跃函数）时

$$e_{\mathrm{ssr}} = \lim_{s \to 0} \frac{sR(s)}{1 + G_{\mathrm{k}}(s)} = \frac{1}{1 + \lim\limits_{s \to 0} G_{\mathrm{k}}(s)} = \frac{1}{1 + \lim\limits_{s \to 0} \dfrac{K}{s^{\nu}} \cdot G_0(s)} = \frac{1}{1 + K_p} \tag{3-29}$$

式中：$K_p = \lim\limits_{s \to 0} G_{\mathrm{k}}(s)$ ，称为位置误差系数。

当 $\nu = 0$ 时，$K_p = \lim\limits_{s \to 0} KG_0(s) = K$，$\quad \therefore e_{\mathrm{ssr}} = \dfrac{1}{1+K}$

当 $\nu \geq 1$ 时，$K_p = \lim\limits_{s \to 0} \dfrac{K}{s^{\nu}} G_0(s) \to \infty$ ，$\quad \therefore e_{\mathrm{ssr}} = 0$

位置误差系数的大小反映了系统在阶跃输入下的稳态精度。位置误差系数越大，稳态误差越小。所以说位置误差系数反映了系统跟踪阶跃输入的能力。

稳态误差为零的系统称为无差系统，为有限值的称为有差系统。在单位阶跃作用下，$\nu = 0$ 的系统为有差系统，$\nu \geq 1$ 的系统为无差系统。其阶跃响应曲线如图 3-26 所示。

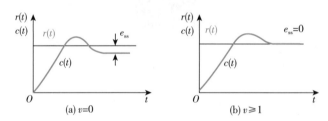

图 3-26　阶跃响应曲线

3.4.3.3 斜坡输入作用下的稳态误差和静态速度误差系数

当输入为 $R(s) = \dfrac{1}{s^2}$（单位斜坡函数）时

$$e_{\mathrm{ssr}} = \lim_{s \to 0} \frac{sR(s)}{1 + G_{\mathrm{k}}(s)} = \frac{1}{\lim\limits_{s \to 0} sG_{\mathrm{k}}(s)} = \frac{1}{\lim\limits_{s \to 0} \dfrac{K}{s^{\nu-1}} \cdot G_0(s)} = \frac{1}{K_v} \tag{3-30}$$

式中：$K_v = \lim\limits_{s \to 0} sG_{\mathrm{k}}(s)$ ，称为速度误差系数。

当 $\nu = 0$ 时，$K_v = \lim\limits_{s \to 0} sKG_0(s) = 0$ ，$\quad \therefore e_{\mathrm{ssr}} \to \infty$

当 $\nu = 1$ 时，$K_v = \lim\limits_{s \to 0} KG_0(s) = K$ ，$\quad \therefore e_{\mathrm{ssr}} = \dfrac{1}{K}$

当 $\nu \geq 2$ 时，$K_v = \lim\limits_{s \to 0} \dfrac{K}{s} G_0(s) \to \infty$ ，$\quad \therefore e_{\mathrm{ssr}} = 0$

速度误差系数的大小反映了系统在斜坡输入下的稳态精度。速度误差系数越大，稳态误差越小。所以说速度误差系数反映了系统跟踪斜坡输入的能力。根据速度误差系数计算的稳态误差是系统在跟踪速度阶跃输入时位置上的误差。系统的斜坡响应曲线如图 3-27 所示。

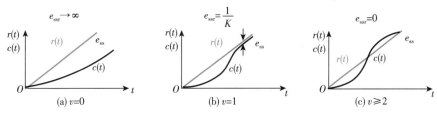

图 3-27 斜坡响应曲线

3.4.3.4 加速度输入作用下的稳态误差和静态加速度误差系数

当输入为 $R(s) = \dfrac{1}{s^3}$（单位加速度函数）时

$$e_{\mathrm{ssr}} = \lim_{s \to 0} \frac{sR(s)}{1 + G_{\mathrm{k}}(s)} = \frac{1}{\lim\limits_{s \to 0} s^2 G_{\mathrm{k}}(s)} = \frac{1}{\lim\limits_{s \to 0} \dfrac{K}{s^{\nu - 2}} \cdot G_0(s)} = \frac{1}{K_a} \tag{3-31}$$

式中：$K_a = \lim\limits_{s \to 0} s^2 G_{\mathrm{k}}(s)$，称为加速度误差系数。

当 $\nu = 0$，1 时，$K_a = \lim\limits_{s \to 0} s^{(1, 2)} K G_0(s) = 0$，$\quad \therefore e_{\mathrm{ssr}} \to \infty$

当 $\nu = 2$ 时，$K_a = \lim\limits_{s \to 0} K G_0(s) = K$，$\quad \therefore e_{\mathrm{ssr}} = \dfrac{1}{K}$

当 $\nu \geqslant 3$ 时，$K_a = \lim\limits_{s \to 0} \dfrac{K}{s} G_0(s) \to \infty$，$\quad \therefore e_{\mathrm{ssr}} = 0$

加速度误差系数的大小反映了系统在抛物线输入下的稳态精度。加速度误差系数越大，稳态误差越小。所以说加速度误差系数反映了系统跟踪抛物线输入的能力。根据加速度误差系数计算的稳态误差是系统在跟踪加速度阶跃输入时位置上的误差。

静态误差系数 K_p，K_v 和 K_a 定量描述了系统跟踪不同形式输入信号的能力。当系统输入信号形式、输出量的期望值及容许的稳态位置误差确定后，可以方便地根据静态误差系数去选择系统的型别和开环增益。但是，对于非单位反馈控制系统而言，静态误差系数没有明显的物理意义，也不便于图形表示。

同一个控制系统，在不同形式的输入信号作用下具有不同的稳态误差，列举如表 3-4 所示。

表 3-4 输入信号作用下的稳态误差

型别	静态误差系数			阶跃输入 $r(t) = R \cdot 1(t)$	斜坡输入 $r(t) = Rt$	加速度输入 $r(t) = Rt^2/2$
ν	K_p	K_v	K_a	$e_{\mathrm{ss}} = R/(1 + K_p)$	$e_{\mathrm{ss}} = R/K_v$	$e_{\mathrm{ss}} = R/K_a$
0	K	0	0	$R/(1 + K)$	∞	∞

表 3-4（续）

型别	静态误差系数			阶跃输入 $r(t)=R\cdot1(t)$	斜坡输入 $r(t)=Rt$	加速度输入 $r(t)=Rt^2/2$
I	∞	K	0	0	R/K	∞
II	∞	∞	K	0	0	R/K
III	∞	∞	∞	0	0	0

当系统的输入信号由位置、速度和加速度分量组成时，即

当 $r(t)=A+Bt+\dfrac{Ct^2}{2}$ 时，有 $e_{ssr}=\dfrac{A}{1+K_p}+\dfrac{B}{K_v}+\dfrac{C}{K_a}$

静态误差系数法的适用条件：系统必须稳定，误差是按输入端定义的，输入信号不能有其他的前馈通路，只能用于计算控制输入时的静态误差。

静态误差系数法计算稳态误差的步骤：

①判定系统的稳定性；

②确定系统开环增益 K 及型别，求静态误差系数；

③利用静态误差系数法对应的静态误差公式表计算 e_{ss} 值。

例 3-12 求如图 3-28 所示系统在单位阶跃给定和单位阶跃扰动共同作用下的稳态误差。

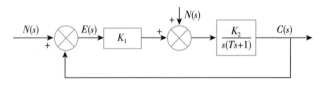

图 3-28 例 3-12 系统框图

解：①求单位阶跃给定作用下的稳态误差。

系统是 I 型系统：$K_p \rightarrow \infty$，$e_{ssr}=0$

②求单位阶跃扰动作用下的稳态误差。

系统误差的拉氏变换为

$$E_n(s)=-\dfrac{\dfrac{K_2}{s(Ts+1)}}{1+\dfrac{K_1K_2}{s(Ts+1)}}N(s)=-\dfrac{K_2}{Ts^2+s+K_1K_2}\cdot\dfrac{1}{s}$$

扰动单独作用时稳态误差为 $e_{ssn}=\lim_{s\to0}sE_n(s)=-1/K_1$

③根据线性系统的叠加原理，系统在单位阶跃给定和单位阶跃扰动共同作用下的稳态误差为 $e_{ss}=e_{ssr}+e_{ssn}=-1/K_1$

例 3-13 已知控制系统如图 3-29 所示，当给定输入为 $r(t)=4+6t+3t^2$ 时，求系统的稳态误差。

解：系统的开环传递函数为

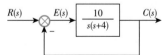

图 3-29 例 3-13 系统框图

$$G_k(s) = \frac{10}{s(s+4)} = \frac{2.5}{s(0.25s+1)}$$

系统为 I 型系统,$K = 2.5$,$K_p \to \infty$,$K_v = K = 2.5$,$K_a = 0$

不能跟踪输入信号中的 $3t^2$ 分量,故有 $e_{ss} \to \infty$。

练习 3-4 已知控制系统如图 3-30 所示,当给定输入为 $r(t) = 4 + 6t + 3t^2$ 时,求系统的稳态误差。

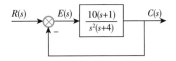

图 3-30 练习 3-4 系统框图

扫二维码,查看答案:

✦ 课程思政:

时域分析法是在时间域对系统的稳定性、动态性能、稳态性能进行分析。掌握劳斯稳定判据,掌握一阶、二阶乃至高阶系统性能分析方法,稳态误差的计算方法。通过分析发现,稳定性、动态性能、稳态性能要求有时互相矛盾。比如,开环增益的增大,对稳定性不利,稳态误差是常数时,有利于减小稳态误差,对动态性能来说可加快系统响应,三者相互制约,是矛盾的。再如,加入积分环节对稳定性不利,对消除稳态误差有利,这就要综合各种因素通盘考虑,折中考虑,讲究中庸之道,在保证稳定的情况下兼顾动态性能和稳态性能的要求,不可只顾一种性能要求而忽略另一种性能诉求,要顾全大局,讲究合作共赢。

本章小结

(1)自动控制系统的时域分析法是在一定的输入条件下,使用拉普拉斯变换直接求解自动控制系统的“时域解”,从而得到控制系统直观而精确的时域输出响应曲线和性能指标的一种方法。

(2)一阶系统和二阶系统是时域分析法重点分析的两类系统。对于高阶系统,如果其特性近似于一阶或二阶系统,则可在一定的条件下,降阶为一阶或二阶系统,然后按一阶或二阶系统作近似分析。而对于一般的高阶系统,可用劳斯判据来判断系统稳定性,用终值定理来计算稳态误差。

(3)系统平稳性、快速性和稳态精度对系统参数的要求是矛盾的,在系统参数的选择

无法同时满足几方面性能要求时，可采用在前向通路中加比例微分环节以及增加微分负反馈等措施来改善系统性能，使其能同时满足几方面的要求。

（4）系统能正常工作的首要条件是：系统是稳定的。可采用劳斯判据来判断系统的稳定性。若系统结构不稳定，则可通过给积分环节加上单位负反馈，使其变成惯性环节，以及增加比例微分环节等方法，使系统成为结构稳定系统。

（5）稳态误差是衡量系统控制精度的性能指标。稳态误差可分为由给定信号引起的误差和由扰动信号引起的误差两种。稳态误差也可用误差系数来表述。系统的稳态误差主要是由积分环节的个数和开环增益来确定的。

第4章

线性系统的频域分析法

✦ 学习目标：

正确理解频率特性的概念。

熟练掌握典型环节的频率特性，熟记其幅相特性曲线及对数频率特性曲线。

熟练掌握由系统开环传递函数绘制系统的开环对数幅频渐近特性曲线及开环对数相频曲线的方法。

熟练掌握奈奎斯特稳定判据和对数频率稳定判据及它们的应用。

✦ 知识要点：

频率特性的概念。

典型环节的频率特性。

开环对数幅频渐近特性曲线及开环对数相频曲线。

奈奎斯特稳定判据。

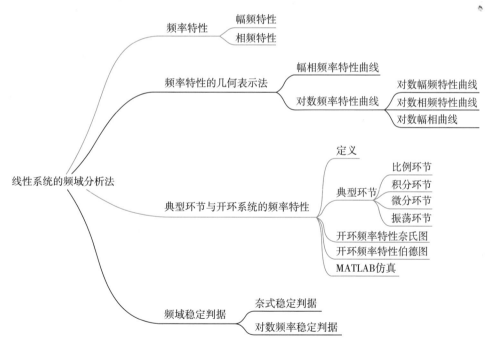

引言

用时域法分析系统的性能比较直观、准确，但是求解系统的时域响应往往比较繁杂，对于高阶系统来说，尤其困难。有时，还会碰到难以列写其微分方程的元件或系统。对于自动控制系统而言，除了可以用时域分析法来分析系统以外，还可以从频域的角度对系统进行分析。频域分析法是借助线性系统对正弦信号的稳态响应来分析系统性能的；因此，这种方法也称为频率特性法。

频率特性法是经典控制理论的核心，也是工程应用最为广泛的一种方法，它可以不用直接求解自动控制系统的闭环传递函数以及微分方程的特征根，而间接运用自动控制系统的开环传递函数分析系统闭环特性的一种方法，同时它也是一种图解方法。它是通过系统频率特性来分析系统性能的，用正弦波输入时系统的响应来分析，但这种响应并不是单看某一个频率正弦波输入时的瞬态响应，而是考察频率由低到高无数个正弦波输入下所对应的每个输出的稳态响应。因此，这种响应也叫频率响应。与时域法相比较，它具有一些明显的优点。频率特性具有明确的物理意义，可用实验的方法来确定它。这对于难以列写其微分方程的元件或系统来说，具有很重要的实际意义。频率特性法主要是通过系统开环频率特性的图形来分析闭环系统性能的，因而可避免繁杂求解运算，计算量较小。

4.1　频率特性

4.1.1　频率特性的基本概念

线性定常系统的频率响应是指在零初始条件下，系统对正弦输入信号的稳态响应。

频率特性的定义：一个稳定的线性系统，当输入正弦信号时，输出信号是与输入同频率、但幅值和相位（一般）不同的正弦信号，如图4-1所示。

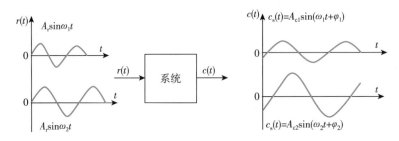

图4-1　系统输入/输出曲线

当输入信号幅值 A_r 不变，逐次改变输入信号的频率 ω 时，可测得一系列稳定输出的幅值 A_c 及输出对输入相位差 φ。

例 4-1 以如图 4-2 所示的 RC 滤波网络为例，建立频率特性的基本概念。假设输入信号为正弦信号，记录网络的输入和输出信号，及一阶 RC 网络的频率响应。

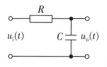

图 4-2 RC 滤波网络

解：微分方程模型为

$$RC \frac{\mathrm{d}u_o(t)}{\mathrm{d}t} + u_o(t) = u_i(t)$$

对微分方程取拉氏变换，假设初始状态为零，得到传递函数

$$G(s) = \frac{U_o(s)}{U_i(s)} = \frac{1}{RCs + 1} = \frac{1}{Ts + 1}$$

施加正弦输入

$$u_i(t) = A\sin\omega t \Rightarrow U_I(s) = \frac{A\omega}{s^2 + \omega^2}$$

$$U_o(s) = \frac{1}{Ts + 1}U_I(s) = \frac{1}{Ts + 1} \cdot \frac{A\omega}{s^2 + \omega^2}$$

假设初始状态为零，由拉氏反变换求方程的解为

$$u_o(t) = \frac{A\omega T}{1 + T^2\omega^2}e^{-\frac{t}{T}} + \frac{A}{\sqrt{1 + T^2\omega^2}}\sin(\omega t - \arctan\omega T)$$

$t \to \infty$，只剩第二项影响输出

$$u_{o_s}(t) = \frac{A}{\sqrt{1 + T^2\omega^2}}\sin(\omega t - \arctan\omega T)$$

$$= A \cdot A(\omega)\sin(\omega t + \varphi(\omega))$$

其中，$A(\omega) = \dfrac{1}{\sqrt{1 + T^2\omega^2}}$，是幅频特性，反映了稳态分量的幅值变化；$\varphi(\omega) = -\arctan\omega T$，是相频特性，反映了输出与输入的相位差。

$A(\omega)$，$\varphi(\omega)$ 都是频率 ω 的函数。

稳态输出：$u_{o_s}(t) = A \cdot A(\omega)\sin(\omega t + \varphi(\omega))$。

输入信号：$u_i(t) = A\sin\omega t$。

比较输入与稳态输出：

输出电压稳态值是与输入信号同频率的正弦信号。

幅值和相角与输入不同，与频率 ω 和系统参数 T 有关。

令 $s = j\omega$，代入后，得

$$G(j\omega) = \frac{1}{jT\omega + 1} = \frac{1 - jT\omega}{1 + T^2\omega^2} = \frac{1}{\sqrt{1 + (T\omega)^2}} \angle - \arctan T\omega$$

系统的幅频特性为 $|G(j\omega)| = \sqrt{\dfrac{1 + T^2\omega^2}{(1 + T^2\omega^2)^2}} = \dfrac{1}{\sqrt{1 + T^2\omega^2}}$，即系统稳态输出与输入的幅值之比。

系统的相频特性为 $\angle G(j\omega) = -\arctan\omega T$，即稳态输出与输入间的相位差。

又因为前面推导频率响应的稳态分量中有

$$A(\omega) = \frac{1}{\sqrt{1 + T^2\omega^2}} \ , \ \varphi(\omega) = -\arctan\omega T$$

所以，可以得到

$$G(j\omega) = \frac{1}{\sqrt{1 + T^2\omega^2}} e^{-j\arctan\omega T} = A(\omega) \angle \varphi(\omega)$$

因此，将系统传递函数中的 s 用 $j\omega$ 代替便可得到频率特性，即频率特性与表征系统性能的传递函数之间有直接的内在联系。

可以得到频率特性的第二种定义：

线性定常系统的频率特性就是线性系统或环节在正弦函数信号作用下，其稳态输出（拉普拉斯变换式）与输入（拉普拉斯变换式）的比值随频率变化的关系特性

$$G(j\omega) = \frac{C(j\omega)}{R(j\omega)} = |G(j\omega)| e^{j\angle G(j\omega)} = A(\omega) e^{j\varphi}$$

幅频特性 $A(\omega)$：正弦输入下，输出响应稳态分量与输入正弦分量的幅值之比。$A(\omega) = |G(j\omega)|$

相频特性 $\varphi(\omega)$：正弦输入下，输出响应中与输入同频率的谐波分量与输入谐波分量的相位之差。$\varphi(\omega) = \angle G(j\omega)$

频率特性表征系统对正弦信号的三大传递能力：同频、变幅、变相。频率特性也称为正弦传递函数，它是传递函数在正弦信号作用下的一个特例。由于传递函数是复数域的函数，因此，频率特性也是复数。这也就是说，频率特性也可以用幅值（大小）和相位角（方向）分别表示。频率特性、传递函数和微分方程三种系统描述之间的关系如图4-3所示。

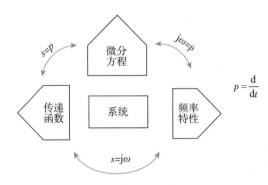

图4-3　频率特性、传递函数和微分方程三种系统描述之间的关系

例4-2 设传递函数为 $G(s) = \dfrac{y(s)}{x(s)} = \dfrac{1}{s^2 + 3s + 4}$，求频率特性。

解：微分方程为

$$\frac{y(t)}{x(t)} = \frac{1}{\dfrac{\mathrm{d}^2}{\mathrm{d}t^2} + 3\dfrac{\mathrm{d}}{\mathrm{d}t} + 4} \Rightarrow \frac{\mathrm{d}^2 y(t)}{\mathrm{d}t^2} + 3\frac{\mathrm{d}y(t)}{\mathrm{d}t} + 4y(t) = x(t)$$

频率特性为

$$G(j\omega) = \frac{y(j\omega)}{x(j\omega)} = \frac{1}{(j\omega)^2 + 3(j\omega) + 4}$$

频率响应法的优点之一在于它可以通过实验量测来获得，而不必推导系统的传递函数。事实上，当传递函数的解析式难以用推导方法求得时，常用的方法是利用对该系统频率特性测试曲线的拟合来得出传递函数模型。此外，在验证推导出的传递函数的正确性时，也往往用它所对应的频率特性同测试结果相比较来判断。

频率特性的推导是在线性定常系统是稳定的假设条件下得出的。如果系统不稳定，则动态过程 $c(t)$ 最终不可能趋于稳态响应 $c_s(t)$，当然也就无法由实际系统直接观察到这种稳态响应。但从理论上，动态过程的稳态分量总是可以分离出来的，而且其规律性并不依赖于系统的稳定性。因此可以扩展频率特性的概念，将频率特性定义为：在正弦输入下，线性定常系统输出的稳态分量与输入的复数比。所以对于不稳定的系统，尽管无法用实验方法量测到其频率特性，但根据传递函数还是可以得到其频率特性。

例 4-3　系统结构图如图 4-4 所示，$r(t) = 3\sin(2t+30°)$，求 $c_s(t)$。

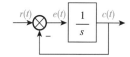

解：系统闭环传递函数为

$$\Phi(s) = \frac{1}{s+1}$$

图 4-4　例 4-3 系统结构图

令 $s = j\omega$

$$|\Phi(j\omega)| = \left|\frac{1}{1+j\omega}\right| = \frac{1}{\sqrt{1+\omega^2}} \overset{\omega=2}{=} \frac{1}{\sqrt{5}} = \frac{|c_s(t)|}{3}$$

$$\angle\Phi(j\omega) = -\arctan\omega \overset{\omega=2}{=} -63.4° = \angle c_s(t) - \angle r(t) = \angle c_s(t) - 30°$$

可以得到

$$|c_s(t)| = 3/\sqrt{5}$$
$$\angle c_s(t) = -63.4° + 30° = -33.4°$$

因此，系统稳态响应为

$$c_s(t) = \frac{3}{\sqrt{5}}\sin(2t - 33.4°)$$

4.1.2　频率特性的几何表示法

频域分析法是一种图解分析法，在工程分析中，通常把线性系统的频率特性画成曲线。常见的频率特性曲线有幅相频率特性曲线和对数频率特性曲线两种。

（1）幅相频率特性曲线

幅相频率特性曲线又称奈氏图（Nyquist）、幅相特性、极坐标图。幅相频率特性曲线是以开环频率特性的实部为直角坐标系横坐标，以其虚部为纵坐标，以 ω 为参变量的幅值与相位的图解表示法，构成复数平面。对于任一给定的频率，频率特性值为复数

$$G(j\omega) = A(\omega)e^{j\varphi(\omega)}$$
$$A(\omega) = \sqrt{\text{Re}^2(\omega) + \text{Im}^2(\omega)}$$
$$\varphi(\omega) = \arctan\frac{\text{Im}(\omega)}{\text{Re}(\omega)}$$

当频率 ω 从 $0 \to \infty$ 变化时，可得到许多矢量，把矢量的端点连接起来，同样可得到 $G(j\omega)$ 的轨迹。

$G(j\omega)$ 的轨迹上的任意一点到坐标原点的连线长度即为系统的幅频特性；连线与正实轴的夹角即为相频特性。频率特性曲线是 s 平面上变量 s 沿正虚轴变化时在 $G(s)$ 平面上的映射。由于 $|G(j\omega)|$ 是偶函数，所以当 ω 从 $-\infty \to 0$ 和 $0 \to \infty$ 变化时，奈奎斯特曲线对称于实轴。$G(s) = \dfrac{s+1}{s^2+s+1}$ 的奈氏图如图 4-5 所示。

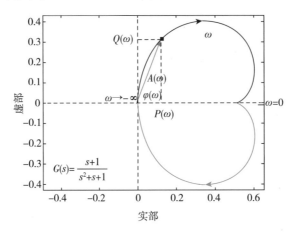

图 4-5　奈氏图

（2）对数频率特性曲线

对数频率特性曲线，也称伯德（Bode）图。它由两张图组成，均以 $\lg\omega$ 为横坐标，单位是 rad/s；分别以 $20\lg|G(j\omega)H(j\omega)|$ 和 $\Phi(j\omega)$ 为纵坐标，单位是分贝（dB）和度。

如图 4-6 所示，以 $\lg\omega$ 为横坐标，Dec 表示"十倍频程"。由于 ω 以对数分度，所以零频率线在 $-\infty$ 处。

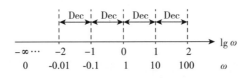

图 4-6　对数坐标图的横坐标

幅频特性曲线的纵坐标以 $\lg A(\omega)$ 或 $20\lg A(\omega)$ 表示，其单位分别为贝［尔］（B）和分贝（dB）。直接将 $\lg A(\omega)$ 或 $20\lg A(\omega)$ 值标注在纵坐标上。相频特性曲线的纵坐标以度或弧度为单位进行线性分度。一般将幅频特性和相频特性画在一张图上，使用同一个横坐标（频率轴）。当幅频特性值用分贝值表示时，通常将它称为增益。幅值和增益的关系为：增益 $= 20\lg$（幅值）。以 $\Phi(j\omega)$ 为纵坐标绘制对数相频曲线。对数坐标图示例如图 4-7 所示。

使用对数坐标图的优点：

①可以展宽频带。频率是以 10 倍频表示的，因此可以清楚地表示出低频、中频和高频段的幅频和相频特性。对数频率特性采用 ω 的对数分度实现了横坐标的非线性压缩，便于在较大频率范围反映频率特性的变化情况。

②对数幅频特性采用$20\lg A(\omega)$，则将幅值的乘除运算化为加减运算。

③所有典型环节的频率特性都可以用分段直线（渐近线）近似表示。

④对实验所得的频率特性用对数坐标表示，并用分段直线近似的方法，可以很容易地写出它的频率特性表达式。

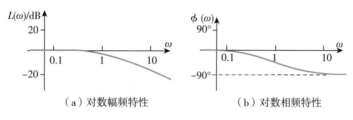

（a）对数幅频特性　　　　　　　　（b）对数相频特性

图4-7　对数坐标图示例

4.2　典型环节与开环系统频率特性

自动控制系统一般总可以抽象成各种典型环节，通过一定的连接方式组合而成。熟悉典型环节的频率特性，对采用频域分析法来分析系统具有重要的意义。开环频率特性往往是典型环节频率系统的乘积，先求出典型环节的频率特性，再求开环频率特性就容易了。因此，与时域分析不同，对数频率特性只有先搞清楚每一个典型环节的对数频率特性，才能熟练地利用对数频率特性曲线来分析自动控制系统的开环特性。

4.2.1　典型环节的频率特性

（1）比例环节

传递函数：$G(s)=K$

频率特性：$G(\mathrm{j}\omega)=K$

幅频特性：$A(\omega)=K$

相频特性：$\varphi(\omega)=0°$

①奈氏图（见图4-8）

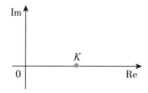

图4-8　比例环节的奈氏图

②伯德图（见图4-9）

对数幅频特性：$L(\omega)=20\lg K$

相频特性：$\varphi(\omega)=0°$

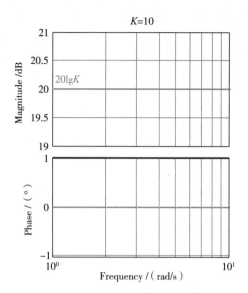

图 4-9　比例环节的伯德图

（2）积分环节

传递函数：$G(s) = \dfrac{K}{s}$

频率特性：$G(j\omega) = \dfrac{K}{j\omega} = -j\dfrac{K}{\omega}$

幅频特性：$A(\omega) = \dfrac{K}{\omega}$

相频特性：$\varphi(\omega) = \arctan^{-1}\left(-\dfrac{K}{\omega}\Big/0\right) = -\dfrac{\pi}{2}$

①奈氏图（见图 4-10）

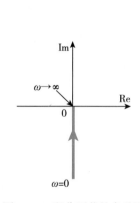

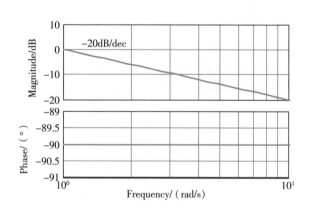

图 4-10　积分环节的奈氏图　　　　图 4-11　积分环节的伯德图

②伯德图（见图 4-11）

对数幅频特性：$L(\omega) = -20\lg\omega$

相频特性：$\varphi(\omega) = \tan^{-1}(-\dfrac{K}{\omega}/0) = -\dfrac{\pi}{2}$

（3）微分环节

传递函数：$G(s) = s$

频率特性：$G(j\omega) = j\omega$

幅频特性：$A(\omega) = \omega$

相频特性：$\varphi(\omega) = 90°$

①奈氏图（见图4-12）

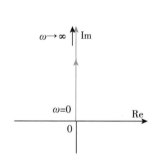

图4-12　微分环节的奈氏图

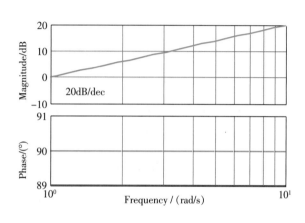

图4-13　微分环节的伯德图

②伯德图（见图4-13）

对数幅频特性：$L(\omega) = 20\lg\omega$

相频特性：$\varphi(\omega) = 90°$

（4）惯性环节

传递函数：$G(s) = \dfrac{K}{Ts+1}$

频率特性：$G(j\omega) = \dfrac{K}{Tj\omega+1}$

幅频特性：$A(\omega) = \dfrac{K}{\sqrt{1+T^2\omega^2}}$

相频特性：$\varphi(\omega) = -\tan^{-1}T\omega$

①奈氏图（见图4-14）

②伯德图（见图4-15）

对数幅频特性：$L(\omega) = -20\lg\sqrt{1+\omega^2T^2}$

相频特性：$\varphi(\omega) = -\tan^{-1}T\omega$

当 $\omega T = 1$ 时，$\omega = 1/T$ 称为交接频率，或叫转折频率、转角频率。惯性环节对数幅频特性曲线的绘制方法如下：先找到 $\omega = 1/T$，$L(\omega) = 0\text{dB}$ 的点，从该点向左作水平直线，向右作斜率为-20 dB/dec 的直线。在低频

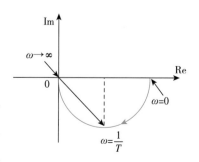

图4-14　惯性环节的奈氏图

段和高频段，精确的对数幅频特性曲线与渐近线几乎重合。在 $\omega = 1/T$ 附近，可以选几个点，把由公式 $L(\omega) = -20\lg\sqrt{1 + \omega^2 T^2}$ 算出的精确的 $L(\omega)$ 值标在图上，用曲线光滑地连接起来，就得到了精确的对数幅频特性曲线。渐近线和精确曲线在交接频率附近的误差列于表 4-1 中。

表 4-1　惯性环节对数幅频特性曲线渐近线和精确曲线的误差

ωT	0.1	0.2	0.5	1	2	5	10
$\Delta L(\omega)$ /dB	-0.04	-0.17	-0.97	-3.01	-0.97	-0.17	-0.04

由表 4-1 可知，在交接频率处误差达到最大值

$$\Delta L(\omega) = L\left(\frac{1}{T}\right) - 0 = -20\lg\sqrt{2} \approx -3\text{dB}$$

一般来说，这些误差并不影响系统的分析与设计。

在低频段，ω 很小，$\omega T \ll 1$，$\varphi(\omega) = 0°$；在高频段，ω 很大，$\omega T \gg 1$，$\varphi(\omega) = -90°$。所以，$\varphi(\omega) = 0°$ 和 $\varphi(\omega) = -90°$ 是曲线 $\varphi(\omega)$ 的两条渐近线，在交接频率处有

$$\varphi(\omega) = -\arctan\left(T \cdot \frac{1}{T}\right) = -45°$$

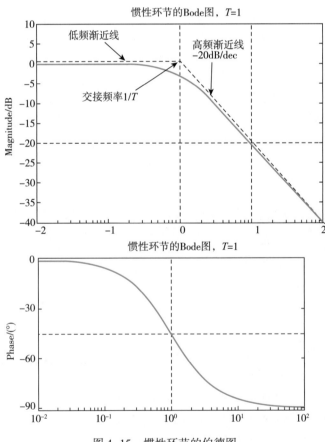

图 4-15　惯性环节的伯德图

（5）一阶微分环节

传递函数：$G(s) = Ts + 1$

频率特性：$G(j\omega) = Tj\omega + 1$

幅频特性：$A(\omega) = \sqrt{1 + (T\omega)^2}$

相频特性：$\varphi(\omega) = \arctan \omega T$

① 奈氏图（见图 4-16）

② 伯德图（见图 4-17）

对数幅频特性：$L(\omega) = 20\lg\sqrt{1 + \omega^2 T^2}$

相频特性：$\varphi(\omega) = \arctan \omega T$

低频渐近线：$\omega << \dfrac{1}{T}$，$L_a(\omega) = 20\lg\sqrt{1 + T^2\omega^2} \approx 0$

高频渐近线：$\omega >> \dfrac{1}{T}$，$L_a(\omega) = 20\lg T\omega$

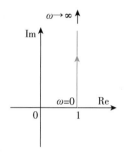

图 4-16　一阶微分环节的奈氏图

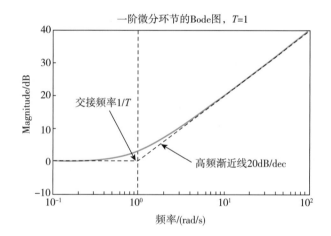

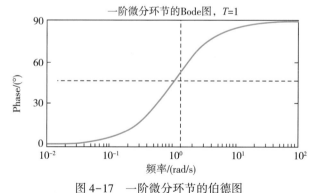

图 4-17　一阶微分环节的伯德图

（6）振荡环节

传递函数：$G(s) = \dfrac{\omega_n^2}{s^2 + 2\zeta\omega_n s + \omega_n^2}$

频率特性：$G(j\omega) = \dfrac{1}{1 + j2\zeta\omega T + (j\omega T)^2}$

幅频特性：$A(\omega) = \dfrac{1}{\sqrt{(1-\omega^2 T^2)^2 + (2\zeta\omega T)^2}}$

相频特性：$\varphi(\omega) = -\arctan\left(\dfrac{2\zeta\omega T}{1-\omega^2 T^2}\right)$

①奈氏图（见图4-18）

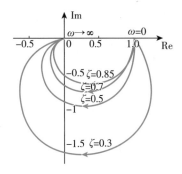

图4-18　振荡环节的奈氏图

②伯德图（见图4-19）

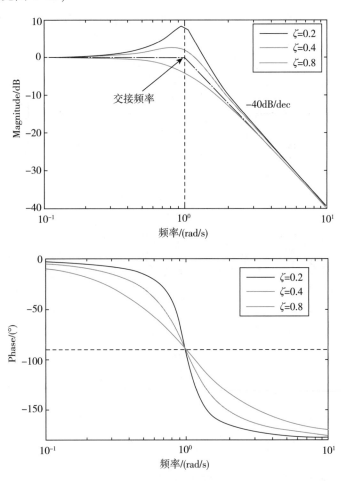

图4-19　振荡环节的伯德图

对数幅频特性：$L(\omega) = -20\lg\sqrt{\left(1 - \dfrac{\omega^2}{\omega_n^2}\right)^2 + \left(2\zeta\dfrac{\omega}{\omega_n}\right)^2}$

相频特性：$\varphi(\omega) = -\arctan\left[\left(2\zeta\dfrac{\omega}{\omega_n}\right) \bigg/ \left(1 - \dfrac{\omega^2}{\omega_n^2}\right)\right]$

低频渐近线：$\dfrac{\omega}{\omega_n} << 1$，$L(\omega) \approx 0\text{dB}$，$\varphi(\omega) \approx 0°$

高频渐近线：$\dfrac{\omega}{\omega_n} >> 1$，$L(\omega) \approx -40\lg(\omega/\omega_n)$，$\varphi(\omega) \approx -180°$

交接频率：ω_n，$\varphi(\omega_n) = -90°$

在低频段，ω 很小，$\omega T << 1$，$L(\omega) = 0\text{dB}$；在高频段，ω 很大，$\omega T >> 1$，$L(\omega) = -20\lg(\omega T)^2 = -40\lg(\omega T)\text{dB}$。其对数幅频特性曲线可用上述低频段和高频段的两条直线组成的折线近似表示，如图4-19的渐近线所示。这两条线相交处的交接频率 $\omega = 1/T$，称为振荡环节的无阻尼自然振荡频率。在交接频率附近，对数幅频特性与渐近线存在一定的误差，其值取决于阻尼比 ζ 的值，阻尼比越小，则误差越大，如表4-2所示。当 $\zeta < 0.707$ 时，在对数幅频特性上出现峰值。

表4-2　二阶振荡环节对数幅频特性曲线渐近线和精确曲线的误差　　　　　　　dB

ζ \ ωT	0.1	0.2	0.4	0.6	0.8	1	1.25	1.66	2.5	5	10
0.1	0.086	0.348	1.48	3.728	8.094	13.98	8.094	3.728	1.48	0.348	0.086
0.2	0.08	0.325	1.36	3.305	6.345	7.96	6.345	3.305	1.36	0.325	0.08
0.3	0.071	0.292	1.179	2.681	4.439	4.439	4.439	2.681	1.179	0.292	0.071
0.5	0.044	0.17	0.627	1.137	1.137	0.00	1.137	1.137	0.627	0.17	0.044
0.7	0.001	0.00	0.08	−0.47	−1.41	−2.92	−1.41	−0.47	0.08	0.00	0.001
1	−0.086	−0.34	−1.29	−2.76	−4.30	−6.20	−4.30	−2.76	−1.29	−0.34	−0.086

4.2.2　开环频率特性奈氏图的绘制

开环系统的频率特性由典型环节的频率特性组合而成。从解析形式看，系统频率特性的幅值为各组成环节幅值的乘积，相位为各组成环节相位的和，即

$$G(j\omega) = G_1(j\omega)G_2(j\omega)\cdots G_n(j\omega) =$$
$$A_1(\omega)A_2(\omega)\cdots A_n(\omega)e^{j[\varphi_1(\omega) + \varphi_2(\omega) + \cdots + \varphi_n(\omega)]} =$$
$$A(\omega)e^{j\varphi(\omega)}$$

其中，

$$A(\omega) = A_1(\omega)A_2(\omega)\cdots A_n(\omega)$$
$$\varphi(\omega) = \varphi_1(\omega) + \varphi_2(\omega) + \cdots + \varphi_n(\omega)$$

用于系统分析时，不需要精确的图形，所以在绘制奈氏图时有时并不需要绘制得十分准确，只需要绘出奈氏图的大致形状和几个关键点的准确位置就可以了。由以上典型环节奈氏图的绘制，大致可将奈氏图的一般作图方法归纳如下：

①写出 $A(\omega)$ 和 $\varphi(\omega)$ 的表达式；

②分别求出 $\omega=0$ 和 $\omega\to+\infty$ 时的 $G(j\omega)$；

③求奈氏图与实轴的交点，交点可利用 $G(j\omega)$ 的虚部 $\mathrm{Im}[G(j\omega)]=0$ 的关系式求出，也可利用 $\angle G(j\omega)=n\cdot180°$（其中 n 为整数）求出；

④如果有必要，可求奈氏图与虚轴的交点，交点可利用 $G(j\omega)$ 的实部 $\mathrm{Re}[G(j\omega)]=0$ 的关系式求出，也可利用 $\angle G(j\omega)=n\cdot90°$（其中 n 为正整数）求出；

⑤必要时画出奈氏图中间几点；

⑥勾画出大致曲线。

例 4-4 试绘制下列开环传递函数的奈氏图。

$$G(s)=\frac{10}{(s+1)(0.1s+1)}$$

解： 该环节开环频率特性为

$$A(\omega)=\frac{10}{\sqrt{1+\omega^2}\sqrt{1+0.01\omega^2}}$$

$$\varphi(\omega)=-\arctan\omega-\arctan0.1\omega$$

$\omega=0$，$A(\omega)=10$，$\varphi(\omega)=0°$，即奈氏图的起点为 $(10,j0)$；

$\omega\to+\infty$，$A(\omega)=0$，$\varphi(\omega)=-180°$，即奈氏图的终点为 $(0,j0)$。

显然，ω 从 0 变化到 $+\infty$，$A(\omega)$ 单调递减，而 $\varphi(\omega)$ 则从 0° 到 -180° 但不超过 -180°。

奈氏图与实轴的交点可由 $\varphi(\omega)=0°$ 得到，即为 $(10,j0)$；奈氏图与虚轴的交点可由 $\varphi(\omega)=270°$（即 -90°）得到，即

$$\arctan\omega+\arctan0.1\omega=\arctan\frac{1.1\omega}{1-0.1\omega^2}$$

得 $1-0.1\omega^2=0$，$\omega^2=10$，则

$$A(\omega)=\frac{10}{\sqrt{1+10}\sqrt{1+0.01\times10}}=2.87$$

故奈氏图与虚轴的交点为 $(0,-j2.87)$。其奈氏图如图 4-20 所示。

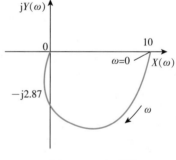

图 4-20 奈氏图

例 4-5 试绘制下列开环传递函数的奈氏图。

$$G(s)=\frac{1}{s(s+1)(2s+1)}$$

解： 该传递函数的幅频特性和相频特性分别为

$$A(\omega)=\frac{1}{\omega\sqrt{1+\omega^2}\sqrt{1+4\omega^2}}$$

$$\varphi(\omega)=-90°-\arctan\omega-\arctan2\omega$$

所以有

$\omega\to0^+$，$A(\omega)\to+\infty$，$\varphi(\omega)=-90°-\Delta$ 为正的很小量，故起点在第Ⅲ象限；

$\omega\to+\infty$，$A(\omega)=0$，$\varphi(\omega)=-270°+\Delta$，故在第Ⅱ象限趋向终点 $(0,j0)$。

因为相角从 -90° 变化到 -270°，所以必有与负实轴的交点。

由 $\varphi(\omega) = -180°$ 得

$$-90° - \arctan\omega - \arctan 2\omega = -180°$$

即

$$\arctan 2\omega = 90° - \arctan\omega$$

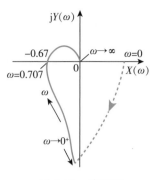

图 4-21　奈氏图

上式两边取正切，得 $2\omega = 1/\omega$，即 $\omega = 0.707$，此时 $A(\omega) = 0.67$。因此，奈氏图与实轴的交点为（-0.67，j0）。系统的奈氏图如图 4-21 所示。

开环系统的频率特性由典型环节的频率特性组合而成，具有积分环节系统的系统传递函数，一般可以表示为

$$G(s) = \frac{K(\tau_1 s + 1)\cdots(\tau_m s + 1)}{s^v(T_1 s + 1)\cdots(T_{n-v} s + 1)} = \frac{K\prod_{i=1}^{m}(\tau_i s + 1)}{s^v\prod_{j=1}^{n-v}(T_j s + 1)}$$

式中，n 为系统的阶次，v 为积分环节的个数，K 为开环增益。

频率特性可表示为

$$G(j\omega) = \frac{1}{(j\omega)^v} \cdot \frac{\prod_{i=1}^{m}(1 + \tau_i s)}{\prod_{j=1}^{n-v}(1 + T_j s)}$$

其相频特性为 $\varphi(\omega) = \sum_{i=1}^{m} \tan^{-1}\tau_i\omega - \dfrac{\pi}{2}v - \sum_{j=1}^{n-v} \tan^{-1}T_j\omega$

当 $\omega = 0$ 时，$\varphi(0) = -\dfrac{\pi}{2}v$，$G(0) = \dfrac{1}{(j\omega)^v}\big|_{\omega=0}$

当 $\omega \to \infty$ 时，$\varphi(\infty) = \dfrac{\pi}{2}m - \dfrac{\pi}{2}v - \dfrac{\pi}{2}(n - v) = -\dfrac{\pi}{2}(n - m)$，

$G(j\omega)\big|_{\omega\to\infty} = 0$（若 $n > m$）

显然，低频段的频率特性与系统型别有关，高频段的频率特性与 $n-m$ 有关。下面，按照系统的型别分别讨论。

（1）0 型系统

0 型系统的频率特性为

$$G(j\omega) = \frac{K\prod_{i=1}^{m}(j\omega T_{zi} + 1)}{\prod_{j=1}^{n}(j\omega T_j + 1)}$$

①当 $\omega = 0$ 时，$A(0) = |G(0)| = K$，$\varphi(0) = 0°$，故幅相频率特性由实轴上的点（K，j0）开始。

②当 $\omega \to \infty$ 时，$A(\infty) = 0$，$\varphi(\infty) = -n \times 90° + m \times 90° = -(n - m) \times 90°$，故幅相频率特性终于坐标原点。

③当 $0 < \omega < \infty$ 时，幅相频率特性的形状与环节及参数有关。

0 型系统幅相频率特性的形状如图 4-20 所示。

（2）Ⅰ型系统

Ⅰ型系统频率特性为

$$G(j\omega) = \frac{K\prod_{i=1}^{m}(j\omega T_{zi} + 1)}{j\omega \prod_{j=1}^{n-1}(j\omega T_j + 1)}$$

①当 $\omega \to 0^+$ 时，$A(0^+) \to \infty$，$\varphi(0^+) = -90°$，故幅相频率特性由无穷远沿负虚轴方向开始。

②当 $\omega \to \infty$ 时，$A(\infty) = 0$，$\varphi(\infty) = -(n-m)\times 90°$，故幅相频率特性沿 $-(n-m)\times 90°$ 终于坐标原点。

③ω 由 $0 \to 0^+$，幅相频率特性按幅值无穷大为半径变化了 $-90°$，如图 4-21 中虚线所示。

Ⅰ型系统幅相频率特性的形状如图 4-21 所示。

（3）Ⅱ型系统

Ⅱ型系统开环传递函数

$$G(s) = \frac{K\prod_{i=1}^{m}(T_{zi}s + 1)}{s^2 \prod_{j=1}^{n-2}(T_j s + 1)} \qquad (n > m)$$

①当 $\omega \to 0^+$ 时，$A(0^+) \to \infty$，$\varphi(0^+) = -180°$，故幅相频率特性由无穷远沿负实轴方向开始。

②当 $\omega \to \infty$ 时，$A(\infty) = 0$，$\varphi(\infty) = -(n-m)\times 90°$，故幅相频率特性沿 $-(n-m)\times 90°$ 终于坐标原点。

③ω 由 $0 \to 0^+$，幅相频率特性按幅值无穷大为半径变化了 $-180°$，如图 4-22 中虚线所示。

Ⅱ型系统幅相频率特性的形状如图 4-22 所示。

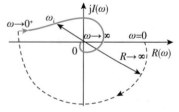

图 4-22　Ⅱ型系统的幅相频率特性

将 0 型、Ⅰ型和Ⅱ型系统在低频段（见图 4-23）和高频段（见图 4-24）频率特性总结如下：

①起始段

0 型：$\varphi(0) = 0°$，$|G(0)| = K$

Ⅰ 型：$\varphi(0) = -\dfrac{\pi}{2}$，$|G(0)| \to \infty$

Ⅱ 型：$\varphi(0) = -\pi$，$|G(0)| \to \infty$

②终止段

$$n - m = 1 \text{ 时}, \quad \varphi(\infty) = -\frac{\pi}{2}$$

$$n - m = 2 \text{ 时}, \quad \varphi(\infty) = -\pi$$

$$n - m = 3 \text{ 时}, \quad \varphi(\infty) = -\frac{3\pi}{2}$$

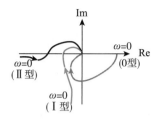

图 4-23　低频段频率特性

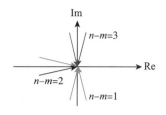

图 4-24　高频段频率特性

③幅相频率特性与负实轴和虚轴的交点

至于中频部分，可计算一些特殊点的来确定，如与坐标的交点等。

频率特性与负实轴的交点：$\text{Im}[G(j\omega)] = I(\omega) = 0$。

频率特性与虚轴的交点：$\text{Re}[G(j\omega)] = R(\omega) = 0$。

4.2.3　开环频率特性伯德图的绘制

控制系统一般总是由若干环节组成的，设其开环传递函数为 $G(s) = G_1(s)G_2(s)\cdots G_n(s)$，$n$ 为环节的个数。

系统的开环频率特性为 $G(j\omega) = G_1(j\omega)G_2(j\omega)\cdots G_n(j\omega)$，或 $A(\omega)e^{j\varphi(\omega)} = A_1(\omega)e^{j\varphi_1(\omega)}A_2(\omega)e^{j\varphi_1(\omega)}\cdots A_n(\omega)e^{j\varphi_n(\omega)}$，则系统的开环对数频率特性为

$$\begin{cases} L(\omega) = L_1(\omega) + L_2(\omega) + \cdots + L_n(\omega) \\ \varphi(\omega) = \varphi_1(\omega) + \varphi_2(\omega) + \cdots + \varphi_n(\omega) \end{cases}$$

其中，$L_i(\omega) = 20\lg A_i(\omega)$，$(i = 1, 2, \cdots, n)$。

可见，系统开环对数幅频特性和相频特性分别由各个环节的对数幅频特性和相频特性相加得到。绘制系统开环对数频率特性曲线的一般步骤：

①将开环传递函数写成典型环节乘积的形式。

②画出各典型环节的对数幅频和对数相频特性曲线。

③在同一个坐标系下，分别将各环节的对数幅频曲线以及相频曲线相加，即为系统开环对数频率特性曲线。

例 4-6　绘制开环传递函数的 0 型系统的伯德图。

$$G(s) = \frac{K}{(1+s)(1+10s)}$$

解：系统开环对数幅频特性和相频特性分别为

$$L(\omega) = L_1(\omega) + L_2(\omega) + L_3(\omega) =$$
$$20\lg K - 20\lg\sqrt{1+\omega^2} - 20\lg\sqrt{1+100\omega^2}$$
$$\varphi(\omega) = \varphi_1(\omega) + \varphi_2(\omega) + \varphi_3(\omega) =$$
$$-\arctan\omega - \arctan 10\omega$$

伯德图如图 4-25 所示。

实际上，在熟悉了对数幅频特性的性质后，不必先一一画出各环节的特性，然后相加，而可以采用更简便的方法。由例 4-6 可见，0 型系统开环对数幅频特性的低频段为 $20\lg K$ 的水平线，随着 ω 的增加，每遇到一个交接频率，对数幅频特性就改变一次斜率。

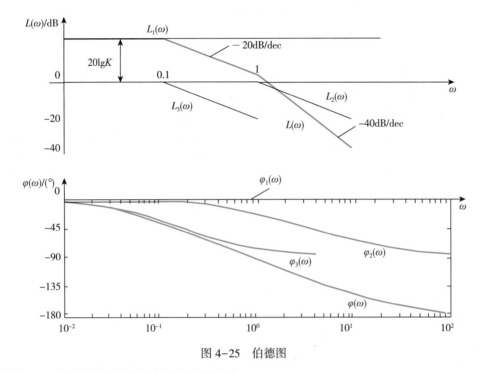

图 4-25　伯德图

例 4-7　设 I 型系统的开环传递函数为

$$G(s) = \frac{K}{s(1 + Ts)}$$

试绘制系统的伯德图。

解： 系统开环对数幅频特性和相频特性分别为

$$L(\omega) = L_1(\omega) + L_2(\omega) + L_3(\omega) = 20\lg K - 20\lg\omega - 20\lg\sqrt{1 + T^2\omega^2}$$

$$\varphi(\omega) = \varphi_1(\omega) + \varphi_2(\omega) + \varphi_3(\omega) = -90° - \arctan T\omega$$

不难看出，此系统对数幅频特性的低频段斜率为 -20 dB/dec，它（或者其延长线）在 $\omega = 1$ 处与 $L_1(\omega) = 20\lg K$ 的水平线相交。在交接频率 $\omega = 1/T$ 处，幅频特性的斜率由 -20 dB/dec 变为 -40 dB/dec，系统的伯德图如图 4-26 所示。

通过以上分析，可以看出系统开环对数幅频特性有如下特点：

低频段的斜率为 -20νdB/dec，ν 为开环系统中所包含的串联积分环节的数目。低频段（若存在小于 1 的交接频率时则为其延长线）在 $\omega = 1$ 处的对数幅值为 $20\lg K$。在典型环节的交接频率处，对数幅频特性渐近线的斜率要发生变化，变化的情况取决于典型环节的类型。如遇到 $G(s) = (1 + Ts)^{\pm 1}$ 的环节，交接频率处斜率改变 ±20dB/dec；如遇二阶振荡环节 $G(s) = \dfrac{1}{1 + 2\zeta Ts + T^2 s^2}$，在交接频率处斜率就要改变 -40dB/dec，等等。

综上所述，可以将绘制对数幅频特性的步骤归纳如下：

①将开环频率特性分解，写成典型环节相乘的形式；

②求出各典型环节的交接频率，将其从小到大排列为 ω_1，ω_2，ω_3，…，并标注在 ω 轴上；

③绘制低频渐近线（ω_1 左边的部分），这是一条斜率为-20νdB/dec 的直线，它或它的延长线应通过（1，20lg$K$）点；

④随着 ω 的增加，每遇到一个典型环节的交接频率，就按上述方法改变一次斜率；

⑤必要时可利用渐近线和精确曲线的误差表，对交接频率附近的曲线进行修正，以求得更精确的曲线。

对数相频特性可以由各个典型环节的相频特性相加而得，也可以利用相频特性函数 $\varphi(\omega)$ 直接计算。

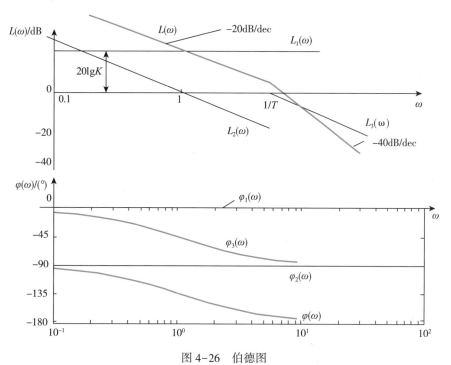

图 4-26 伯德图

练习 4-1 绘制开环对数幅频渐近特性曲线，开环传递函数为

$$G(s)H(s) = \frac{300(s+2)}{s(s+0.5)(s+30)}$$

扫二维码，查看答案：

4.2.4 开环系统频率特性的 MATLAB 仿真

（1）绘制伯德图

可用函数 bode(sys)绘制伯德图。该函数表示在同一幅图中，分上、下两部分生成幅频特性（以 dB 为单位）和相频特性（以（°）为单位）。本函数没有明确给出频率 ω 的范围，MATLAB 能在系统频率响应的范围内自动选取 ω 值绘图。

若需要指定幅值范围和相角范围，则需要按以下形式调用

$$[\text{mag}, \text{phase}, \text{w}] = \text{bode}(\text{num}, \text{den})$$

此时，生成的幅值 mag 和相角值 phase 为列矢量，并且相角以度为单位，幅值不以 dB 为单位。对于后一种方式，必须用下面的绘图函数才可以在屏幕上生成完整的伯德图。

例 4-8 系统的开环传递函数为 $G_k(s) = \dfrac{1000(s+1)}{s(s+2)(s^2+17s+4000)}$，绘制系统的 Bode 图。

解： 参考例程如下。

```
s = tf('s');
sys = 1000 * (s+1)/(s * (s+2) * (s^2+17 * s+4000));
[mag, phase, w] = bode(sys)    %绘制伯德图
grid on %绘制网格
```

运行结果如图 4-27 所示。

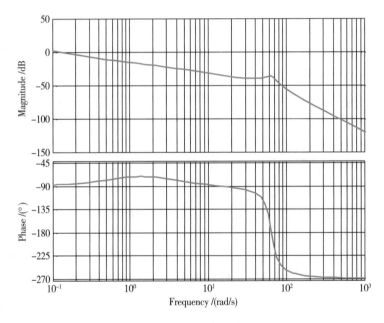

图 4-27　系统的伯德图

（2）绘制奈氏图

命令格式：$[\text{re}, \text{im}, \text{w}] = \text{nyquist}(\text{sys})$

当缺省输出变量时，nyquist 命令可直接绘制奈氏图。

例 4-9 单位负反馈系统的开环传递函数为 $G_k(s) = \dfrac{20s^2+20s+10}{(s^2+s)(s+10)}$，绘制系统 Nyquist 曲线。

解： 参考例程如下。

```
num = [20 20 10];
den = conv([1 1 0], [1 10]);
[re, im] = nyquist(num, den)
```

运行结果如图 4-28 所示。

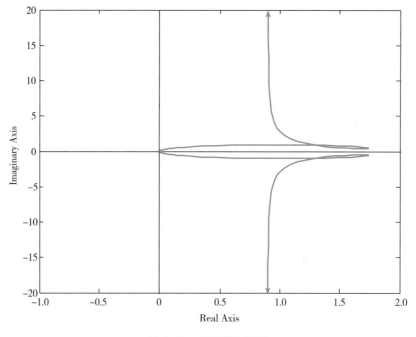

图 4-28   系统的奈氏图

4.3   频域稳定判据

控制系统的闭环稳定性是系统分析和设计所需解决的首要问题,奈奎斯特稳定判据(简称奈氏判据)和对数频率稳定判据是常用的两种频域稳定判据。频域稳定判据的特点是根据开环系统频率特性曲线判定闭环系统的稳定性。频域稳定判据使用方便,易于推广。

奈氏判据:当 ω 从 $-\infty \to +\infty$ 变化时,$G(j\omega)H(j\omega)$ 曲线逆时针包围 $(-1, j0)$ 点 R 圈。当 $R = P$(右半平面极点个数即正实部极点的个数,开环函数的不稳定极点)时,闭环系统稳定。

下面我们具体分析圈数 R 如何确定。

4.3.1   圈数 R 如何确定

从 $\omega \to 0^-$ 开始,对应的 $G(j\omega)H(j\omega)$ 以无穷大为半径,按逆时针方向画 $v*90°$ 的圆弧($v/4$ 个圆),并顺时针标上箭头,与 $\omega \to 0^+$ 曲线相接,成为封闭曲线。系统不含积分环节时,不需要画补偿线;含积分环节时,需要画补偿线。

幅角定理:R 表示 Nyquist 曲线在 $(-1, j0)$ 点左边实轴上的正负穿越次数之差。

$$R = 2N$$

其中:$N = N_+ - N_-$,N_+ 表示正穿越的次数,N_- 表示负穿越的次数。

穿越：指开环 Nyquist 曲线穿过（-1，j0）点左边实轴时的情况。

正穿越：ω 增大时，Nyquist 曲线由上而下（相角增加）穿过 $-1\sim-\infty$ 段实轴，用 N_+ 表示，如图 4-29（a）所示。

负穿越：ω 增大时，Nyquist 曲线由下而上（相角减少）穿过 $-1\sim-\infty$ 段实轴，用 N_- 表示，如图 4-29（b）所示。

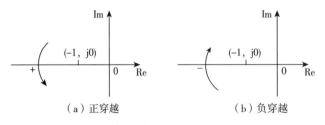

图 4-29　奈氏判据中正穿越和负穿越

半次穿越：若 $G(\mathrm{j}\omega)H(\mathrm{j}\omega)$ 轨迹起始或终止于（-1，j0）点以左的负轴上，则穿越次数为半次，且同样有 $+1/2$ 次穿越（见图 4-30（a））和 $-1/2$ 次穿越（见图 4-30（b））。

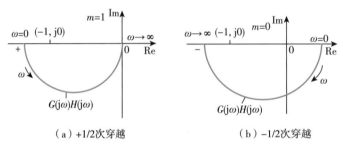

图 4-30　奈氏判据中半次穿越

例 4-10　两系统 $G(\mathrm{j}\omega)H(\mathrm{j}\omega)$ 轨迹如图 4-31 所示，已知其开环极点在 s 右半平面的分布情况，试判别系统的稳定性。

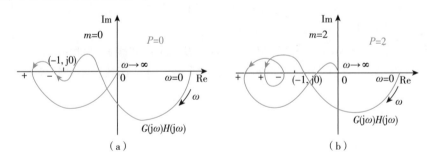

图 4-31　系统轨迹图

解：

图 4-31（a）中 $G(\mathrm{j}\omega)H(\mathrm{j}\omega)$ 轨迹穿越（-1，j0）点以左的负实轴，显示正穿越次数为 1，负穿越次数为 1，即 $N=N_+-N_-=0$。可得，$R=2N=0=P$。因此，闭环系统稳定。

图 4-31（b）中 $G(\mathrm{j}\omega)H(\mathrm{j}\omega)$ 轨迹穿越（-1，j0）点以左的负实轴，显示正穿越次数为 2，负穿越次数为 1，即 $N=N_+-N_-=2-1=1$。可得，$R=2N=2=P$。因此，闭环系

统稳定。

练习 4-2 已知开环传递函数为

$$G(s) = \frac{K}{s-1}$$

应用奈氏判据判别 $K=0.5$ 和 $K=2$ 时的闭环系统稳定性。

扫二维码，查看答案：

4.3.2 开环传递函数含有积分环节

前述的奈氏判据中，开环传递函数极点的实部只考虑了为负或者为正两种情况，如果系统中出现积分环节，即开环传递函数中包含有为零的极点，则需要对幅相频率特性曲线进行修正以后，才能使用奈氏判据来判断稳定性。

如果开环传递函数包含积分环节，且假定个数为 N，则绘制开环极坐标图后，应从 $\omega \to 0^+$ 对应的点开始，补作一条半径为 ∞、逆时针方向旋转 $N*90$ 的大圆弧增补线，把它视为奈氏曲线的一部分。然后再利用奈氏判据来判断系统的稳定性。有积分环节的幅相频率特性曲线如图 4-32 所示。

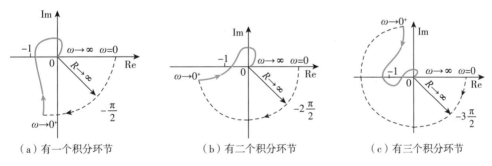

（a）有一个积分环节　　（b）有二个积分环节　　（c）有三个积分环节

图 4-32　有积分环节的幅相频率特性

例 4-11 两系统奈氏曲线如图 4-33 所示，试分析系统稳定性。

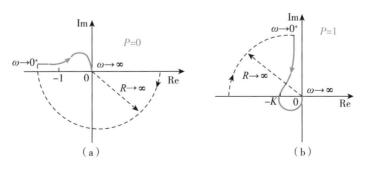

（a）　　　　　　　　　　（b）

图 4-33　系统奈氏曲线

解： 图 4-33（a）中 $G(\mathrm{j}\omega)H(\mathrm{j}\omega)$ 修正轨迹穿越（-1, j0）点以左的负实轴，显示正穿越次数为 0，负穿越次数为 1，即 $N=N_+-N_-=0-1=-1$，$P=0$，故 $Z=P-2N=2$，闭环系统不稳定。

图 4-33（b）中需根据 K 值的大小具体分析：

当 $K>1$ 时，$N=N_+-N_-=1-1/2=1/2$，$P=1$，故 $Z=P-2N=0$，闭环系统稳定；

当 $K<1$ 时，$N=N_+-N_-=0-1/2=-1/2$，且已知 $P=1$，故 $Z=P-2N=2$，闭环系统不稳定；

当 $K=1$ 时，奈氏曲线穿过（-1, j0）点两次，说明有两个根在虚轴上，闭环系统不稳定。

练习 4-3 已知开环传递函数为

$$G(s)=\frac{K(T_1s+1)}{s^2(T_2s+1)}\ (T_1>T_2>0)$$

应用奈氏判据判断系统的稳定性。

扫二维码，查看答案：

4.3.3 对数频率稳定判据

对数频率稳定判据：设 P 为开环系统正实部的极点数，闭环系统稳定的充要条件是当 ω 由 0 变到 $+\infty$ 时，在开环对数幅频特性 $L(\omega)\geq 0$ 的频段内，相频特性 $\varphi(\omega)$ 穿越 -180° 线的次数（正穿越与负穿越次数之差）为 $P/2$。

正穿越：对应于伯德图 $\varphi(\omega)$ 曲线当 ω 增大时，从下向上穿越 -180° 线；

负穿越：对应于伯德图 $\varphi(\omega)$ 曲线当 ω 增大时，从上向下穿越 -180° 线。

例 4-12 开环特征方程有两个右根，$P=2$，伯德图如图 4-34 所示，试判定闭环系统的稳定性。

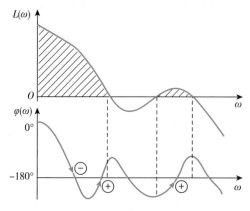

图 4-34 例 4-12 伯德图

解：从图4-34中可以看出，当ω由0变到$+\infty$时，在开环对数幅频特性$L(\omega)\geq0$的频段内，相频特性$\varphi(\omega)$穿越$-180°$线的正穿越次数为2，负穿越次数为1，即正穿越与负穿越次数之差Z为1。又因为$P=2$，所以系统闭环稳定。

练习4-4　开环特征方程无右根，$P=0$，伯德图如图4-35所示，试判定闭环系统的稳定性。

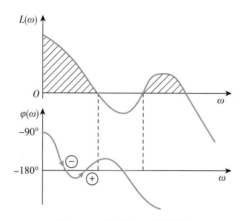

图4-35　练习4-4伯德图

扫二维码，查看答案：

4.4　开环频率特性与闭环系统性能的关系

频率响应分析方法是一种基于实验的系统分析方法，适用于分析含有未知参数系统的稳定性，这是频域分析法的一个突出优点。此外，根据频域稳定性判据，还能方便地调整系统参数，从而提高系统的相对稳定性。开环频率特性是自动控制系统对正弦波输入信号的稳态响应特性；但是这种稳态响应特性并不是建立在某一个频率的正弦波输入信

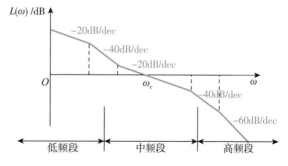

图4-36　系统开环频率特性图

号作用下的，而是建立在频率由低频（$\omega\approx0$）向高频（$\omega\to+\infty$）变化的、在无数个不同频率的正弦输入信号激励下，系统所表现出来的、与输入相对应的无数个输出稳态响应的集合。因此，在对实际自动控制系统进行性能分析时，往往可以将$\omega\approx0$到$\omega\to\infty$的整

个频率范围，按自动控制稳态响应的不同表现形式划分为低频段、中频段和高频段。三个频段的划分不是很严格。一般来说，第一个转折频率以前的部分称之为低频段，穿越频率附近的区段称之为中频段，中频段以后的部分为高频段，如图4-36所示。

（1）低频段：自动控制系统对数幅频特性曲线出现第一个转折频率之前的频段，主要由积分环节和放大环节来确定。积分环节的个数确定了低频段的斜率，开环增益确定了曲线的高度，而这两个参数与自动控制系统的稳态特性有关，所以低频段反映了系统的稳态性能。

低频段的传递函数可近似表示为

$$G_0(s) = \frac{K}{s^v}$$

式中，K 为开环增益，v 为积分环节的个数。

对数幅频特性为 $20\lg|G_0| = 20\lg K - v \cdot 20\lg\omega$

当 v 为不同值时，可做出一些低频渐近线，斜率分别为 $-v \cdot 20\text{dB/dec}$，如图4-37所示。

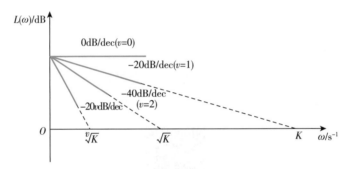

图4-37　低频段对数幅频特性曲线

可分析出，对数幅频特性曲线的位置越高，说明开环增益 K 越大；低频渐近线频率越负，说明积分环节数 v 越多。K 和 v 越大表明系统稳态性能越好。

（2）中频段：自动控制系统对数幅频特性曲线穿越0dB时，其左右各几个频程的范围。中频段反映了系统动态响应的平稳性和快速性。

在一定条件下，穿越频率越大，调节时间越小，系统响应也越快。一般情况，希望中频段以-20dB/dec斜率穿越0dB线，并保持较宽的频段，如图4-38所示。

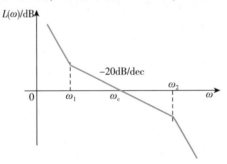

图4-38　中频段对数幅频特性曲线

（3）高频段：中频段最后一个转折频率出现以后所对应的频段。这个频段的斜率关系到自动控制系统抗干扰能力的强与弱。一般来说，这个频段的负斜率越大越好。因为若自动控制系统开环对数幅频特性曲线在高频段的负斜率越大，则系统对高频正弦信号输入幅值的衰减也越大。如果系统能对高频输入信号幅值的衰减达到 0.01 ~ 0.001（-40 ~ -60dB）的话，那么，系统的高频输入信号基本上就不会对输出产生什么影响。实际情况证明，自动控制系统的绝大多数干扰信号都是高频信号。

将以上分析总结归纳如表 4-3 所示。

表 4-3　三频段理论表

频段	对应性能	希望形状
低频段	稳态误差	陡，高
中频段	动态性能（超调量和调节时间）	缓，宽
高频段	系统抗高频干扰的能力	陡，低

三频段理论并没有为我们提供设计系统的具体步骤，但它给出了调整系统结构、改善系统性能的原则和方向。关于三频段理论的几点说明：

①各频段分界线没有明确的划分标准；

②与无线电学科中的"低""中""高"频概念不同；

③不能用是否以-20dB/dec 过 0dB 线作为判定闭环系统是否稳定的标准；

④只适用于单位反馈的最小相角系统。

　课程思政：

通过频域三频段理论，映射做人要根据不同阶段规划好目标。频域三频段理论中，低频代表控制系统稳态性能，要有积分环节和较大的开环增益，对数幅频特性曲线要陡要高；中频代表控制系统的动态性能，对数幅频特性曲线要缓要宽；高频代表抗干扰性能，对数幅频特性曲线要陡要低。不同的频率阶段代表对控制系统的要求不同。对于我们也是一样，不同年龄阶段要求不同。大学正是学生增长知识、开阔视野、提高能力和个人修养的时期，就要在这些方面努力。认真负责地规划人生，确立远大的奋斗目标，只有把理想目标同祖国的发展需要相结合，顺应时代潮流，才能发挥学生的潜能，实现人生价值，时势造英雄，为两个百年梦想的实现贡献自己的力量。

本章小结

（1）线性定常系统在正弦信号作用下，其输出稳态值与输入稳态值之比定义为频率特性。将传递函数中的 s 用 $j\omega$ 代替，便可得到系统的频率特性，即频率特性与传递函数之间有着直接的内在联系，故通过系统的频率特性能够分析系统的性能。

（2）自动控制系统的频域分析法是建立在系统频率响应基础上进行分析的一种方法。而所谓频率响应是指系统在正弦信号作用下的稳态响应。频域分析并不是针对某一单个的

正弦频率信号进行系统分析，它是系统对无限多个不同频率信号响应的集合。

（3）频率特性可用图形表示。频率特性曲线主要包括幅相频率特性曲线和对数频率特性曲线。幅相频率特性曲线又称奈奎斯特（Nyquist）曲线或奈氏图，也称极坐标图。对数频率特性曲线又称伯德（Bode）图。

（4）频率特性法的特点之一是，可以根据系统的开环频率特性曲线分析系统的闭环性能。另外一个优点是，可用实验的方法来获取线性系统的伯德图，进而得到系统的传递函数。

（5）频率法中对稳定性的判定，可采用奈奎斯特稳定判据或对数频率稳定判据。

（6）为了方便绘制频率特性曲线和便于用频率特性曲线分析系统性能，常将开环频率特性分成低频段、中频段、高频段三个频段。低频段反映了系统的稳态性能；中频段与系统的动态性能相关，它反映了系统动态响应的平稳性和快速性；高频段反映了系统的抗干扰能力。

第 5 章

线性系统的校正与设计

✦ 学习目标：

熟悉控制系统的串联超前校正、串联滞后校正和串联滞后–超前校正的实现方法和设计思路。

掌握 MATLAB 设计方法。

了解 PID 控制器的设计。

了解典型案例的设计思路和方法。

✦ 知识要点：

串联超前校正的设计和实现方法。

串联滞后校正的设计和实现方法。

采用 MATLAB 实现系统校正的仿真方法。

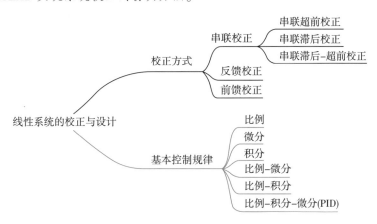

引言

本书的前面几章重点讨论了在系统结构及参数已知的情况下，如何建立系统的数学模型，求取系统的传递函数，通过频率特性分析获得系统的各项性能指标，即进行系统的分析。在工程实践中，通常会提出相反的问题，根据实际需求预先设定系统的各项性能指标，要求设计一个系统并选择合适的控制参数使其满足对性能指标的要求，这一类问题称为系统综合或系统设计。

综合的问题可以是全局的，也可以是局部的。前者是根据对性能指标的要求确定系统的基本组成部分（被控对象、测量元件、功率放大元件、执行元件等），拟定控制电路和控制规律，并通过理论分析和实验验证确定控制装置和工程环节的参数。这是一个整体工程，即从无到有地设计一个有针对性的系统，满足设计需求。但在实际中遇到更多的情况是后者，即局部的综合。系统的组成部分按照反馈控制原理可连成基本控制系统，但原有系统往往难以满足性能要求，需要在不改变系统基本部件的前提下，选择合适的校正装置，确定参数满足各项性能要求。这种局部综合工作通常称为对系统进行"校正"，附加的控制装置则称为"校正装置"。

设计自动控制系统的目的是要用来完成某一特定的任务，对系统的控制精度、相对稳定度和响应速度都要提出具体的要求，这些要求通常是以稳态和瞬态响应的各项性能指标给出的，所以性能指标是校正系统的依据。校正的实质可以认为是在系统中引入新的环节，改变系统的传递函数（时域法），改变系统的零极点分布（根轨迹法），改变系统的开环伯德图形状（频域法），使系统具有满意的性能指标。

5.1 系统校正的一般方法

根据校正装置在系统中的位置，校正方式可以分为串联校正和反馈校正（也称并联校正）两种。如果校正装置 $G_c(s)$ 与系统不可变部分相串联，则这种校正方式称为"串联校正"，如图 5-1（a）所示；如果校正装置 $G_c(s)$ 接在系统的局部反馈通路中，则这种校正方式称为"反馈校正"，如图 5-1（b）所示。串联校正和反馈校正的特点如下：

①串联校正比较经济且易于实现，应用集成电路组成的电子调节器可以灵活地获得各种传递函数的校正装置，且设计结构简单，因此应用更为广泛。

②反馈校正一般不必进行放大，可消除系统原有部分参数对系统性能的影响，所需元件数也往往较少，可以采用无源网络实现，这是它的优点，但反馈校正通常需要一定的实践经验。

③在一些比较复杂的系统中，往往同时使用串联校正和反馈校正，以便使系统获得更好的性能。

在实际应用中，校正方式的选择取决于系统中信号的性质、技术方便程度、可供选择的元件、其他性能要求（抗干扰性、环境适应性等）、经济性等因素。鉴于篇幅的关系，本章仅讨论串联校正。

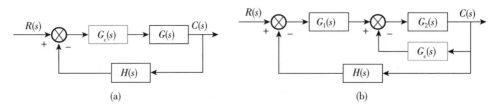

图 5-1 串联校正与反馈校正

根据校正装置的特性，校正可以分为超前校正和滞后校正。如果校正装置具有正的相角特性，即输出信号在相位上超前于输入信号，这种校正装置称为"超前校正装置"，如把这种校正装置串入系统中对系统进行校正，则称为"串联超前校正"。如果校正装置具有负的相角特性，即输出信号在相位上滞后于输入信号，这种校正装置称为"滞后校正装置"，如把这种校正装置串入系统中对系统进行校正，则称为"串联滞后校正"。

校正的装置可以是电气的、机械的或由其他物理形式的元器件组成的。电气的校正装置可以分为无源校正和有源校正两种。若构成校正装置的元器件均为无源器件，则称为无源校正；若构成校正装置的元器件中含有有源器件，则称为有源校正。常见的无源校正装置有 RC 校正网络、微分变压器等，在使用这些装置时，应注意它与前、后级部件之间的阻抗匹配问题。有源校正装置通常指由运算放大器、电阻、电容所组成的各种调节器，有源校正装置一般可以与系统中的其他部件较好地实现阻抗匹配，使用方便。

采用无源网络构成的校正装置，其传递函数最简单的形式是

$$G_c(s) = \frac{s - z_c}{s - p_c} \tag{5-1}$$

式（5-1）中，若 $p_c < z_c$，则是高通滤波器或相位超前校正装置；若 $p_c > z_c$，则为低通滤波器或相位滞后校正装置。

5.1.1　串联超前校正

（1）传递函数

以无源超前校正装置为例，如图 5-2 所示，由 RC 元件组成的无源超前校正装置，设此网络输入信号源的内阻为零，输出端的负载阻抗为无穷大，则此相位超前校正装置的传递函数为

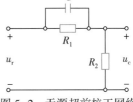

图 5-2　无源超前校正网络

$$G'_c(s) = \frac{U_c(s)}{U_r(s)} = \frac{R_2}{R_1 + R_2} \cdot \frac{1 + R_1 C s}{1 + \frac{R_2}{R_1 + R_2} R_1 C s} = \frac{1}{\alpha} \cdot \frac{1 + \alpha T s}{1 + T s} \tag{5-2}$$

其中

$$T = \frac{R_2}{R_1 + R_2} R_1 C, \quad \alpha = \frac{R_1 + R_2}{R_2} > 1$$

校正装置的开环放大倍数 $1/\alpha < 1$，因此会引起系统开环增益下降，从而影响到系统的稳态精度，可通过调节放大器增益进行校正，一般会再增加一个放大倍数为 α 的放大环节，这样校正装置的传递函数为

$$G_c(s) = \frac{1}{\alpha} \cdot \frac{1 + \alpha T s}{1 + T s} \cdot \alpha = \frac{1 + \alpha T s}{1 + T s} \tag{5-3}$$

（2）频率特性

无源超前装置的对数幅频特性为

$$L_{G_c}(\omega) = 20 \lg A(\omega) = 20 \lg \left(\sqrt{\frac{1 + \alpha^2 T^2 \omega^2}{1 + T^2 \omega^2}} \right) \tag{5-4}$$

两个转折频率为 $\omega_1 = 1/(\alpha T)$，$\omega_2 = 1/T$。

当 $\omega < \omega_1$ 时，$(\omega \alpha T)^2 << 1$，且 $(\omega T)^2 << 1$，故有 $L_{G_c}(\omega) \approx 20 \lg 1 = 0$。

当 $\omega > \omega_2$ 时，$(\omega\alpha T)^2 >> 1$，且 $(\omega T)^2 >> 1$，故有 $L_{G_c}(\omega) \approx 20\lg\alpha$。

相频特性为

$$\varphi(\omega) = \arctan(\alpha T\omega) - \arctan(T\omega) \qquad (5-5)$$

由于 $\alpha > 1$，故 $\varphi(\omega) > 0$。这表示该校正装置输出信号的相位总是超前输入信号的相位，因此称为超前校正装置。

超前装置的渐近线频率特性如图 5-3 所示。

由图 5-3 可知，在 $\omega = \omega_m$ 时，$G_c(j\omega)$ 有最大的超前相角 φ_m。

令 $\dfrac{\mathrm{d}\varphi(\omega)}{\mathrm{d}\omega} = 0$，可以得到 $\omega_m = \dfrac{1}{T\sqrt{\alpha}} = \sqrt{\dfrac{1}{\alpha T} \cdot \dfrac{1}{T}}$

表示 ω_m 处于转折频率 ω_1 和 ω_2 的几何平均值处，对应的最大超前相角为

$$\varphi_m = \arctan\frac{\alpha - 1}{2\sqrt{\alpha}} = \arcsin\frac{\alpha - 1}{\alpha + 1} \qquad (5-6)$$

也可以写作

$$\alpha = \frac{1 + \sin\varphi_m}{1 - \sin\varphi_m} \qquad (5-7)$$

对应的对数幅频特性值为 $L_{G_c}(\omega_m) = 20\lg\sqrt{\alpha} = 10\lg\alpha$。

从图 5-3 的幅频特性上来看，超前校正装置可以有效抑制低频信号，是一个高通滤波器。

此外，由超前校正网络的幅相频率特性曲线也可以得到相同的结果，图 5-4 为 $G_c(s)$ 的幅相频率特性曲线，φ_m 为半圆的切线处对应的相角，由三角函数关系可知

$$\sin\varphi_m = \frac{(\alpha - 1)/2}{(\alpha + 1)/2} = \frac{\alpha - 1}{\alpha + 1} \qquad (5-8)$$

故有 $\varphi_m = \arcsin\dfrac{\alpha - 1}{\alpha + 1}$

此时，对应的幅频值为

$$A(\omega_m) = \sqrt{\frac{\alpha^2 T^2 \omega_m^2 + 1}{T^2 \omega_m^2 + 1}} \qquad (5-9)$$

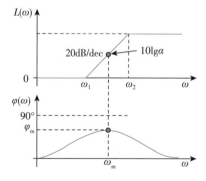

图 5-3　超前校正网络的伯德图

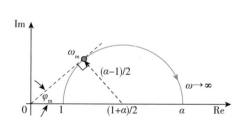

图 5-4　超前校正网络的幅相频率特性曲线

同理，由三角函数关系可知，$\sqrt{\dfrac{\alpha^2 T^2 \omega_m^2 + 1}{T^2 \omega_m^2 + 1}} = \sqrt{\left(\dfrac{\alpha + 1}{2}\right)^2 - \left(\dfrac{\alpha - 1}{2}\right)^2}$

求得

$$\omega_m = \frac{1}{T\sqrt{\alpha}} = \sqrt{\frac{1}{\alpha T} \cdot \frac{1}{T}} \qquad (5-10)$$

综合上述分析，φ_m 仅与 α 的取值有关，α 值越大，相位超前越多，相位裕量也越大，但同时校正环节增益下降，会引起原系统开环增益减小，使稳态精度降低，必须通过提高放大器增益来补偿超前网络的衰减损失。绘制 φ_m 与 α 的关系曲线如图 5-5 所示，由图可知，当 α 为 5 ~ 20 时，φ_m 为 42° ~ 65°；当 $\alpha > 20$ 时，φ_m 增加不多，而校正装置的实现也较困难。为了使系统抑制高频噪声的能力不致降低太多，通常取 $\alpha < 20$。

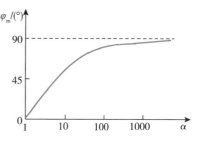

图 5-5　φ_m 与 α 的关系曲线

知识拓展，分析有源超前校正装置的传递函数。扫二维码查看：

（3）设计案例

下面举例说明超前校正装置设计的一般步骤。

例 5-1　设一系统的结构如图 5-6 所示，设计要求为系统的静态速度误差系数 $K_v \geqslant 100$，相位裕量 $\gamma' \geqslant 55°$。为了满足系统性能指标，试设计超前校正装置的参数。

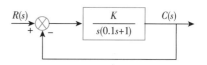

图 5-6　例 5-1 的系统结构图

解：

①由稳态指标的要求 $K_v \geqslant 100$，确定系统的开环增益。

$$K_v = \lim_{s \to 0} \frac{K}{s^{v-1}} = 100$$

故有 $K = 100$

则校正前系统的开环传递函数为

$$G_0(s) = \frac{100}{s(0.1s + 1)}$$

②绘制校正前系统的对数频率特性曲线，并求校正前系统的穿越频率 ω_c 和相位裕量 γ。

令 $s = j\omega$，$G_0(j\omega) = \dfrac{100}{j\omega(0.1j\omega + 1)}$

对数幅频特性 $L_0(\omega) = 20\lg A(\omega) = 40 - 20\lg\omega - 20\lg\sqrt{1 + (0.1\omega)^2}$

对数相频特性 $\varphi_0(\omega) = -90° - \arctan(0.1\omega)$

系统的转折频率为 $\omega = 10$，当 $\omega = 1$ 时，$L_0(\omega) \approx 20\lg K = 40\mathrm{dB}$，绘制系统的渐近线对数频率特性曲线如图 5-7 所示。

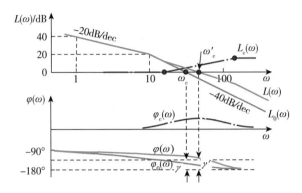

图 5-7　例 5-1 系统的伯德图

根据近似公式

$$L_0(\omega_c) = 20\lg \frac{100}{\omega_c\sqrt{1 + (0.1\omega_c)^2}} \approx 20\lg \frac{100}{0.1\omega_c^2} = 0$$

故有 $\omega_c = 31.6$

对应的相位裕量为

$$\gamma = 180° + \varphi(\omega_c) = 90° - \arctan(0.1 \times 31.6) = 17.56°$$

故不满足设计要求。

③根据性能指标要求的相位裕量 γ' 和实际系统的相位裕量 γ，确定最大相角 φ_m，即

$$\varphi_m = \gamma' - \gamma + \Delta$$

式中，Δ 是用于补偿因超前校正装置的引入，使系统的穿越频率增大而带来的相角滞后量。一般地，如果被校正系统的开环幅频特性在穿越频率 ω_c 处的斜率为 $-40\mathrm{dB/dec}$，Δ 的取值一般为 $5° \sim 12°$；如果被校正系统的开环幅频特性在穿越频率 ω_c 处的斜率为 $-60\mathrm{dB/dec}$，Δ 的取值一般为 $15° \sim 20°$。本例中，取 $\Delta = 7.5°$，则有

$$\varphi_m = 55° - 17.56° + 7.5° = 45°$$

④根据确定的 φ_m，按公式（5-7）计算出 α 值。

$$\alpha = \frac{1 + \sin\varphi_m}{1 - \sin\varphi_m} = \frac{1 + \sin45°}{1 - \sin45°} = 5.83$$

⑤确定校正后的系统穿越频率 ω_c'。

由图 5-3 可知，超前校正网络在 ω_m 处的对数频率值为

$$L_c(\omega_m) = 10\lg\alpha$$

若在 $L_0(\omega)$ 上找到幅值为 $-10\lg\alpha$ 的点，并选择该点作为超前校正装置的 ω_m，则在该点处，$L_c(\omega)$ 和 $L_0(\omega)$ 的代数和为 0dB，即该点的频率既是选定的 ω_m，也是校正后的穿越频率 ω_c'。

所以有 $L(\omega_c') + L_c(\omega_m) = 0$

$$L(\omega_c') = -L_c(\omega_m) = -10\lg\alpha = -7.66\mathrm{dB}$$

由伯德图可知

$$L(\omega'_c) = 20 - 40 \times (\lg\omega'_c - \lg10) = -7.66\text{dB}$$

对应的 $\omega'_c = 49.15 = \omega_m$

⑥确定校正装置的传递函数。

由公式 $\omega_m = \dfrac{1}{T\sqrt{\alpha}} = \sqrt{\dfrac{1}{\alpha T} \cdot \dfrac{1}{T}} = 49.15$，及 $\alpha = 5.83$，可以推导出 $T = 0.008$

所以有 $G_c(s) = \dfrac{1 + \alpha Ts}{1 + Ts} = \dfrac{1 + 0.05s}{1 + 0.008s}$

超前校正装置的转折频率为 $\omega_1 = 20$，$\omega_2 = 125$

绘制超前校正装置的伯德图如图 5-7 中的 $L_c(\omega)$ 和 $\varphi_c(\omega)$ 所示。

⑦验证校正后系统的性能指标。

校正后系统的传递函数为

$$G(s) = G_0(s)G_c(s) = \frac{100(0.05s + 1)}{s(0.1s + 1)(0.008s + 1)}$$

校正后系统的性能指标为

$\gamma' = 180° - 90° - \arctan(0.1\omega'_c) + \arctan(0.05\omega'_c) - \arctan(0.008\omega'_c) =$
$180° - 90° - \arctan(0.1 \times 49.15) + \arctan(0.05 \times 49.15) - \arctan(0.008 \times 49.15) =$
$57.89°$

校正后系统的伯德图如图 5-7 中的 $L(\omega)$ 和 $\varphi(\omega)$ 所示。由图或通过计算可得校正后系统的相位裕量 $\gamma' > 55°$，满足设计要求。

若采用图 5-2 所示的无源超前校正网络实现上述设计，则可根据 $T = \dfrac{R_2}{R_1 + R_2}R_1C$、$\alpha = \dfrac{R_1 + R_2}{R_2}$ 来选择和计算电路参数。

知识拓展，采用 MATLAB 验证设计结果。扫二维码，查看代码及输出波形：

（4）总结

综上所述，超前校正有如下特点：

①超前校正主要针对系统频率特性的中频段进行校正，利用校正装置的超前特性来增加系统的相位稳定裕量。

②超前校正利用校正装置幅频特性曲线的正斜率段来增加系统的穿越频率，这表明校正系统的频带变宽，瞬间响应速度变快，但系统抗高频干扰的能力也将减弱。

③超前校正很难使原来系统的低频特性得到改善，若想用提高增益的办法使低频段上移，则由于整个幅频特性曲线的上移，将使系统的平稳性变差，抗高频噪声的能力也将被削弱。

④当未校正系统的相频特性曲线在穿越频率附近急剧下降时，由穿越频率的增加而带

来的系统相角滞后量，将超过由校正装置的相位超前特性所引起的系统相角超前量。此时，若用单级的超前校正网络来校正，将收效不大。

⑤超前校正主要用于系统的稳态性能已符合要求，而动态性能有待改善的场合。

5.1.2 串联滞后校正

（1）传递函数

以无源滞后校正装置为例，如图5-8所示，由 RC 元件组成的无源滞后校正装置，则此相位滞后校正装置的传递函数为

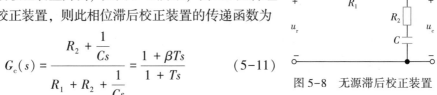

图5-8 无源滞后校正装置

$$G_c(s) = \frac{R_2 + \frac{1}{Cs}}{R_1 + R_2 + \frac{1}{Cs}} = \frac{1 + \beta Ts}{1 + Ts} \qquad (5-11)$$

其中

$$\beta = \frac{R_2}{R_1 + R_2} < 1, \quad T = (R_1 + R_2)C$$

（2）频率特性

无源滞后校正装置的对数幅频特性为

$$L_{G_c}(\omega) = 20\lg A(\omega) = 20\lg\left(\sqrt{\frac{1 + \beta^2 T^2 \omega^2}{1 + T^2 \omega^2}}\right) \qquad (5-12)$$

两个转折频率为 $\omega_1 = 1/T$，$\omega_2 = 1/(\beta T)$。

当 $\omega < \omega_1$ 时，$(\omega T)^2 << 1$，且 $(\beta\omega T)^2 << 1$，故有 $L_{G_c}(\omega) \approx 20\lg1 = 0$。

当 $\omega > \omega_2$ 时，$(\omega T)^2 >> 1$，且 $(\beta\omega T)^2 >> 1$，故有 $L_{G_c}(\omega) \approx 20\lg\beta$。

相频特性为

$$\varphi(\omega) = \arctan(\beta T\omega) - \arctan(T\omega) \qquad (5-13)$$

由于 $\beta < 1$，故 $\varphi(\omega) < 0$。这表示该校正装置输出信号的相位总是滞后输入信号的相位，因此称为滞后校正装置。

滞后校正装置的渐近线频率特性如图5-9所示。滞后校正网络的幅相频率特性曲线如图5-10所示。

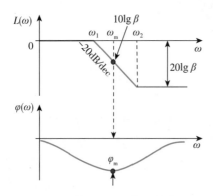

图5-9 滞后校正网络的伯德图

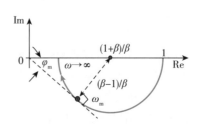

图5-10 滞后校正网络的幅相频率特性曲线

由图 5-9 可知，在 $\omega = \omega_m$ 时，$G_c(j\omega)$ 有最大的滞后相角 φ_m。

同样的，令 $\dfrac{\mathrm{d}\varphi(\omega)}{\mathrm{d}\omega} = 0$，可以得到 $\omega_m = \dfrac{1}{T\sqrt{\beta}} = \sqrt{\dfrac{1}{\beta T} \cdot \dfrac{1}{T}}$

表示 ω_m 处于转折频率 ω_1 和 ω_2 的几何平均值处，对应的最大滞后相角为

$$\varphi_m = \arcsin \frac{\beta - 1}{\beta + 1} \tag{5-14}$$

也可以写作 $\beta = \dfrac{1 + \sin\varphi_m}{1 - \sin\varphi_m}$

对应的对数幅频特性值为 $L_{G_c}(\omega_m) = 20\lg\sqrt{\beta} = 10\lg\beta$。

滞后校正网络相当于一低通滤波器：对低频信号不产生衰减，而对高频信号有衰减作用。相位滞后环节，目的不在于使系统相位滞后（而这正是要避免的），而在于使系统大于 $1/T$ 的中频段和高频段增益衰减，穿越频率减少，从而使系统获得足够大的相位裕量，但快速性变差，即以牺牲快速性（带宽减小）来换取稳定性，同时允许适当提高开环增益，以改善稳态精度。

知识拓展，分析有源滞后校正装置的传递函数。扫二维码查看：

（3）设计案例

下面举例说明滞后校正装置设计的一般步骤。

例 5-2　设一系统的结构如图 5-11 所示，设计指标如下：

①系统在单位速度输入作用下，稳态误差 $e_{ssr} \leqslant 0.01$；

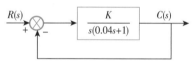

图 5-11　例 5-2 的系统结构图

②相位裕量 $\gamma' \geqslant 45°$。

试设计无源校正装置。

解：

①由稳态指标的要求，确定系统的开环增益。

$$e_{ssr} = \lim_{s \to 0} s \cdot \frac{1/s^2}{1 + G(s)H(s)} = \frac{1}{\lim_{s \to 0} sG(s)H(s)} = \frac{1}{K} = 0.01$$

故有 $K = 100$

则校正前系统的开环传递函数为　$G_0(s) = \dfrac{100}{s(0.04s + 1)}$

②绘制校正前系统的对数频率特性曲线，并求校正前系统的穿越频率 ω_c 和相位裕量 γ。

令 $s = j\omega$，$G_0(j\omega) = \dfrac{100}{j\omega(0.04j\omega + 1)}$

对数幅频特性 $L_0(\omega) = 20\lg A(\omega) = 40 - 20\lg\omega - 20\lg\sqrt{1 + (0.04\omega)^2}$

对数相频特性 $\varphi_0(\omega) = -90° - \arctan(0.04\omega)$

系统的转折频率为 $\omega = 25$，当 $\omega = 1$ 时，$L(\omega) \approx 20\lg K = 40\text{dB}$，绘制系统的渐近线对数频率特性曲线如图5-12所示。

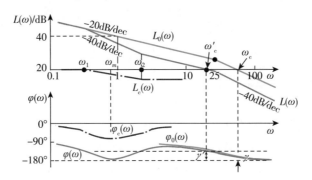

图5-12　例5-2系统的伯德图

根据近似公式

$$L_0(\omega_c) = 20\lg\frac{100}{\omega_c\sqrt{1+(0.04\omega_c)^2}} \approx 20\lg\frac{100}{0.04\omega_c^2} = 0$$

故有 $\omega_c = 50$

对应的相位裕量为

$$\gamma = 180° + \varphi(\omega_c) = 90° - \arctan(0.04 \times 50) = 26.56°$$

故原系统不稳定，不满足设计要求。

③确定校正后系统的幅频穿越频率 ω'_c。

在原系统的相频特性曲线上确定一点，以该点的频率作为校正后系统的穿越频率 ω'_c。该点的相角为

$$\varphi = -180° + \gamma' + \Delta$$

式中，Δ 是用于补偿因滞后校正装置的引入而带来的相角滞后量。Δ 的取值一般为 $5° \sim 15°$。本例中，取 $\Delta = 5°$，则有

$$\varphi = -180° + 45° + 5° = -90° - \arctan(0.04 \times \omega'_c)$$

计算得出 $\omega'_c = 20.98$

④根据确定的 ω'_c，计算出 β 值。

要使得校正后系统的幅频穿越频率在 ω'_c 处，必须有

$$L_0(\omega'_c) + L(\omega'_c) = 0$$

未校正系统在 ω'_c 处的幅值为

$$L_0(\omega'_c) = 40 - 20\lg\omega'_c - 20\lg\sqrt{1+(0.04\omega'_c)^2} \approx 40 - 20\lg\omega'_c = 13.56\text{dB}$$

故有 $L_c(\omega'_c) = 20\lg\beta = -L_0(\omega'_c) = -13.56$

所以有 $\beta = 0.2$

⑤确定滞后校正网络的时间常数 T，并求出滞后校正装置的传递函数 $G_c(s)$。

通常，为保证滞后校正装置在 ω'_c 处的相角对系统的相角影响较小，滞后校正装置的第二个转折频率按下式来确定

$$\omega_2 = \frac{1}{\beta T}$$

ω_2 一般为 $\dfrac{\omega'_c}{2} \sim \dfrac{\omega'_c}{10}$ 本例中，取 $\omega_2 = \dfrac{1}{\beta T} = \dfrac{\omega'_c}{10} = 2.098$

推导出 $T = 2.38$

因此，滞后校正装置的传递函数为

$$G_c(s) = \frac{1 + \beta Ts}{1 + Ts} = \frac{1 + 0.48s}{1 + 2.38s}$$

⑥绘制滞后校正装置的伯德图。

滞后校正装置的 $\omega_1 = 1/T = 0.43$，$\omega_2 = 2.098$。如图 5-12 中的 $L_c(\omega)$ 和 $\varphi_c(\omega)$ 所示。

⑦验证校正后系统的性能指标。

校正后系统的传递函数为

$$G(s) = G_0(s)G_c(s) = \frac{100(0.48s + 1)}{s(0.04s + 1)(2.38s + 1)}$$

校正后系统的性能指标为

$\gamma' = 180° - 90° + \arctan\ (0.48\omega'_c) - \arctan\ (0.04\omega'_c) - \arctan\ (2.38\omega'_c)$

$\quad = 180° - 90° + \arctan\ (0.48 \times 20.98) - \arctan\ (0.04 \times 20.98) - \arctan\ (2.38 \times 20.98)$

$\quad = 45.48°$

校正后系统的伯德图如图 5-12 中的 $L(\omega)$ 和 $\varphi(\omega)$ 所示。由图或通过计算可得校正后系统的相位裕量 $\gamma' > 45°$，满足设计要求。

若采用图 5-8 所示的无源滞后校正网络实现上述设计，则可根据 $T = (R_1 + R_2)C$、$\beta = \dfrac{R_2}{R_1 + R_2}$ 来选择和计算电路参数。

知识拓展，采用 MATLAB 验证设计结果。扫二维码，查看代码及输出波形：

(4) 总结

综上所述，滞后校正有如下特点：

①滞后校正是利用其在高频段造成的幅值衰减，使系统的相位裕量增加，但同时也会使系统的穿越频率减小。因此，滞后校正是以牺牲系统的快速性为代价来换取系统稳定性的改善的。提高系统低频响应的增益，减小系统的稳态误差，同时基本保持系统的暂态性能不变。

②滞后校正装置的低通滤波器特性，将使系统高频响应的增益衰减，降低系统的穿越频率，提高系统的相角稳定裕度，以改善系统的稳定性和某些暂态性能。

5.1.3 串联滞后-超前校正

如果对校正后系统的动态和稳态性能均有较高的要求，则采用滞后-超前校正。利用校正装置的超前部分来增大系统的相位裕量，改善动态性能；又利用校正装置的滞后部分来改善系统的稳态性能。

（1）传递函数

以无源滞后–起前校正装置为例，如图5–13所示，由 RC 元件组成的无源滞后–超前校正装置，则此校正装置的传递函数

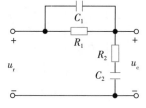

图5–13　无源滞后–超前校正装置

$$G_c(s) = \frac{U_c(s)}{U_r(s)} = \frac{R_2 + \dfrac{1}{sC_2}}{\dfrac{R_1}{sR_1C_1 + 1} + R_2 + \dfrac{1}{sC_2}} =$$

$$\frac{(1 + T_1 s)(1 + T_2 s)}{T_1 T_2 s^2 + (T_1 + T_2 + T_3)s + 1} \tag{5-15}$$

其中

$T_1 = R_1 C_1$，$T_2 = R_2 C_2$，$T_3 = R_1 C_2$

将式5–15的分母分解为两个因式的乘积，即

$$G_c(s) = \frac{(1 + T_1 s)(1 + T_2 s)}{(1 + T_1' s)(1 + T_2' s)} \tag{5-16}$$

对比式（5–15）和式（5–16）的分母，有如下关系

$$T_1' T_2' = T_1 T_2$$
$$T_1' + T_2' = T_1 + T_2 + T_3$$

设 $\dfrac{T_1'}{T_1} = \dfrac{T_2}{T_2'} = \alpha > 1$ 且 $T_1 > T_2$，则有

$$\alpha T_1 > T_1 > T_2 > T_2/\alpha$$

传递函数式（5–15）可以写成

$$G_c(s) = \frac{(1 + T_1 s)(1 + T_2 s)}{(1 + \alpha T_1 s)\left(1 + \dfrac{T_2}{\alpha}s\right)} \tag{5-17}$$

式中 $\dfrac{(1 + T_1 s)}{(1 + \alpha T_1 s)}$ 部分起滞后校正的作用，$\dfrac{(1 + T_2 s)}{\left(1 + \dfrac{T_2}{\alpha}s\right)}$ 部分起超前校正的作用。

（2）频率特性

无源滞后–超前装置的对数幅频特性为

$$L_{G_c}(\omega) = 20\lg A(\omega) = 20\lg\left(\sqrt{\frac{(1 + T_1^2\omega^2)(1 + T_2^2\omega^2)}{(1 + \alpha^2 T_1^2\omega^2)(1 + (T_2^2\omega^2)/\alpha^2)}}\right) =$$

$$20\lg\sqrt{1 + T_1^2\omega^2} + 20\lg\sqrt{1 + T_2^2\omega^2} - 20\lg\sqrt{1 + \alpha^2 T_1^2\omega^2} - 20\lg\sqrt{1 + (T_2^2\omega^2)/\alpha^2}$$

$$\tag{5-18}$$

四个转折频率为 $\omega_1 = 1/(\alpha T_1)$，$\omega_2 = 1/T_1$，$\omega_3 = 1/T_2$，$\omega_4 = \alpha/T_2$。

相频特性为

$$\varphi(\omega) = \arctan(T_1\omega) + \arctan(T_2\omega) - \arctan(\alpha T_1\omega) - \arctan(T_2\omega/\alpha) \quad (5-19)$$

频率特性曲线如图5-14所示。

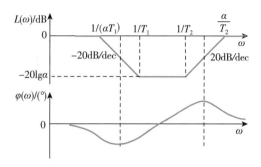

图5-14 滞后-超前校正网络的伯德图

由伯德图可见：串联滞后-超前校正装置将滞后部分设置在低频段，利用滞后部分的高频幅值衰减特性提高系统的稳态性能；将超前部分设置在中频段，利用超前相角提高系统的相位裕量，同时使频带变宽，改善系统的动态特性。

知识拓展，分析有源滞后校正装置的传递函数。扫二维码查看：

（3）设计案例

下面举例说明滞后-超前校正装置设计的一般步骤。

例5-3 设单位反馈系统的开环传递函数如下

$$G_0(s) = \frac{K}{s(s+1)(0.5s+1)}$$

要求设计装置使系统满足：$K_v \geqslant 10$，$\gamma \geqslant 50°$，$K_g \geqslant 10\text{dB}$。

解：

①根据稳态指标的要求，确定系统的开环增益。

$$K_v = \lim_{s \to 0} \frac{K}{s^{v-1}} = K \geqslant 10$$

取$K = 10$，则校正前系统的开环传递函数为 $\quad G_0(s) = \dfrac{10}{s(s+1)(0.5s+1)}$

②绘制校正前系统的对数频率特性曲线，并求校正前系统的穿越频率ω_c、相位裕量γ和幅值裕量K_g。

令$s = j\omega$，$G_0(j\omega) = \dfrac{10}{j\omega(j\omega+1)(0.5j\omega+1)}$

对数幅频特性$L_0(\omega) = 20\lg A(\omega) = 20 - 20\lg\omega - 20\lg\sqrt{1+\omega^2} - 20\lg\sqrt{1+(0.5\omega)^2}$

对数相频特性$\varphi_0(\omega) = -90° - \arctan\omega - \arctan(0.5\omega)$

系统的转折频率为$\omega_1 = 1$，$\omega_2 = 2$。当$\omega = 1$时，$L(\omega) \approx 20\lg K = 20\text{dB}$，绘制系统的渐

近线对数频率特性曲线如图 5-15 所示。

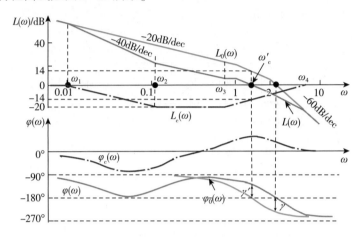

图 5-15   例 5-3 系统的伯德图

根据近似公式

$$L_0(\omega_c) = 20\lg A(\omega_c) = 20 - 20\lg\omega_c - 20\lg\sqrt{1 + \omega_c^2} - 20\lg\sqrt{1 + (0.5\omega_c)^2}$$
$$\approx 20 - 20\lg\omega_c - 20\lg\omega_c - 20\lg(0.5\omega_c)$$
$$\approx 0$$

故有 $\dfrac{10}{0.5\omega_c^3} = 1$，则

$$\omega_c = 2.7$$

未校正系统的相位裕量为

$$\gamma = 180° + \varphi(\omega_c) = 90° - \arctan\omega_c - \arctan(0.5\omega_c) = -33°$$

计算未校正系统的幅值裕量为

$$\varphi_0(\omega_g) = -90° - \arctan\omega_g - \arctan(0.5\omega_g) = -180°$$

故有 $\arctan\dfrac{\omega_g + 0.5\omega_g}{1 - 0.5\omega_g^2} = 90°$，则 $\omega_g = 1.414$

幅值裕量为 $K_g = -L(\omega_g) = -14\text{dB}$

因此原系统不稳定，需要校正。

③确定校正后系统的幅频穿越频率 ω_c'。

根据要求的性能指标选择合适的 ω_c'，一般可选未校正系统的相频穿越频率 ω_g 作为校正后系统的幅频穿越频率 ω_c'，选 $\omega_c' = \omega_g = 1.4$，所需提供的超前相角约为 $50°$，满足设计要求。

④确定超前校正部分的传递函数。

未校正系统在 $\omega = \omega_c' = 1.4$ 处对数幅值为 14dB，因为 $L_0(\omega_c') + L_c(\omega_c') = 0$，故 $L_0(\omega_c') = 14\text{dB}$，过点 $\omega_c' = 1.4$，$L_c(\omega_c') = -14\text{dB}$ 点作斜率为 20dB/dec 的直线，该直线与 0dB 的交点即为校正部分的第二个转折点。

$$L(\omega_4) = -14 + 20(\lg\omega_4 - \lg\omega_c') = 0$$

故有 $\omega_4 = 7 = \dfrac{\alpha}{T_2}$

T_2 的选择要保证校正后的幅频穿越频率 ω_c' 落入超前部分，不一定按超前校正方法要求 ω_c' 等于最大超前角所对应的频率 ω_m。

选择 $\alpha = 10$，$\omega_3 = \dfrac{1}{T_2} = \dfrac{7}{\alpha} = 0.7$

超前部分的传递函数为

$$G_{c2}(s) = \frac{1 + T_2 s}{1 + \dfrac{T_2}{\alpha} s} = \frac{1 + 1.43s}{1 + 0.143s}$$

⑤确定滞后校正部分的传递函数。

滞后部分的第二个转折频率 ω_2 远小于校正后的幅频穿越频率 ω_c'，一般 ω_2 为 $\dfrac{\omega_c'}{2} \sim \dfrac{\omega_c'}{10}$。

本例题中，取 $\omega_2 = \dfrac{1}{T_1} = \dfrac{\omega_c'}{10} = 0.14$，则 $\omega_1 = \dfrac{1}{\alpha T_1} = 0.014$

滞后部分的传递函数为

$$G_{c1}(s) = \frac{1 + T_1 s}{1 + \alpha T_1 s} = \frac{1 + 7.14s}{1 + 71.4s}$$

⑥滞后-超前校正装置的传递函数

$$G_c(s) = G_{c1}(s) G_{c2}(s) = \frac{1 + 7.14s}{1 + 71.4s} \cdot \frac{1 + 1.43s}{1 + 0.143s}$$

⑦校正后系统的开环传递函数为

$$G(s) = G_0(s) G_c(s) = \frac{10}{s(s + 1)(0.5s + 1)} \cdot \frac{1 + 7.14s}{1 + 71.4s} \cdot \frac{1 + 1.43s}{1 + 0.143s}$$

校正后的系统伯德图如图 5-15 所示，由图可知，校正后系统的相位裕量 $\gamma' = 50°$，幅值裕量 $K_g = 16\text{dB}$，$K_v = 10$。

5.1.4　PID 控制器

在工业自动化设备中，常采用由比例（P-Proportional）、积分（I-Integral）和微分（D-Derivative）控制策略组成的校正装置作为系统的控制器。它不仅可以适用于数学模型已知的系统，也可以应用于许多被控对象数学模型难以确定的系统。一般 PID 控制器是串联在系统前向通路中的，因而起着串联校正的作用。PID 控制是控制工程中技术成熟、理论完善、应用最为广泛的一种控制策略，经过长期的工程实践，已形成了一套完整的控制方法和典型结构。PID 控制器的结构如图 5-16 所示。

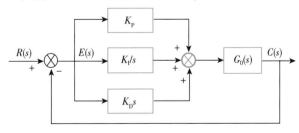

图 5-16　PID 控制器结构图

PID 控制就是对偏差信号 $e(t)$ 进行比例、积分、微分运算后，通过线性组合形成的一种控制规律。控制器的输出为

$$u(t) = K_P\left[e(t) + \frac{1}{T_I}\int_0^t e(\tau)\,d\tau + T_D\frac{d}{dt}e(t)\right] =$$

$$K_P e(t) + K_I\int_0^t e(\tau)\,d\tau + K_D\frac{d}{dt}e(t) \tag{5-20}$$

其中：T_I——积分时间常数；

$\quad\quad T_D$——微分时间常数；

$\quad\quad K_P$——比例系数；

$\quad\quad K_I$——积分系数；

$\quad\quad K_D$——微分系数。

在很多情形下，PID 控制并不一定需要全部的三项控制作用，而是可以方便灵活地改变控制策略，实施 P、PI、PD 或 PID 控制。显然，比例控制部分是必不可少的。PID 控制参数整定方便，结构灵活，在众多工业过程控制中取得了满意的应用效果，并已有许多系列化的产品。并且，随着计算机技术的迅速发展，数字 PID 控制也已得到广泛和成功的应用。

（1）P（比例）控制器

比例控制器又称为 P 控制器，成比例地反映控制系统的误差信号，误差一旦产生，校正器立即产生控制作用，以减少误差。

比例控制器的输出 $u(t)$ 与偏差 $e(t)$ 之间的关系为

$$u(t) = K_P e(t) \tag{5-21}$$

比例控制器实质是一种增益可调的放大器，采用运算放大器实现比例控制器的方式如图 5-17 所示，其传递函数为

$$G_c(s) = \frac{U(s)}{E(s)} = K_P = \frac{R_2}{R_1}$$

比例控制器的对数频率特性

$$L_c(\omega) = 20\lg K_P$$

$$\varphi_c(\omega) = 0°$$

若原系统频率特性为 $L_0(\omega)$、$\varphi_0(\omega)$，则加入比例控制串联校正后，对数频率特性为

$$L(\omega) = L_0(\omega) + L_c(\omega) = L_0(\omega) + 20\lg K_P$$

$$\varphi(\omega) = \varphi_0(\omega) + \varphi_c(\omega) = \varphi_0(\omega)$$

比例控制器校正前后对数频率特性曲线对比如图 5-18 所示。

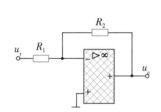

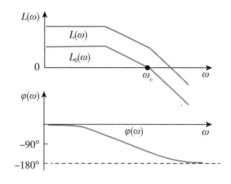

图 5-17　比例控制器的实现方式　　图 5-18　比例控制器校正前后伯德图对比

比例控制对系统性能的影响如下：

如果 $K_P > 1$ ，比例环节将增加系统的开环增益、增大幅频穿越频率，使得系统的稳态误差减小、过渡过程时间缩短，但是系统稳定程度变差。因此只有原系统稳定裕量充分大时才采用比例控制。

如果 $K_P < 1$ ，对系统性能的影响正好相反。

（2）PD（比例-微分）控制器

比例-微分控制器，简称 PD 控制器。微分控制具有预测特性，能够反映偏差信号的变化趋势，并能在偏差信号值变得更大之前，引入修正信号，从而加快系统的控制作用。

比例-微分控制器的输出 $u(t)$ 与偏差 $e(t)$ 之间的关系为

$$u(t) = K_P\left(e(t) + T_D \frac{\mathrm{d}}{\mathrm{d}t}e(t)\right) = K_P e(t) + K_D \frac{\mathrm{d}}{\mathrm{d}t}e(t) \tag{5-22}$$

采用运算放大器实现比例-微分控制器的方式如图 5-19 所示，其传递函数为

$$G_c(s) = \frac{U(s)}{E(s)} = K_P(1 + T_D s) = K_P + K_D s \tag{5-23}$$

其中 $K_P = \dfrac{R_2}{R_1}$ ，$T_D = R_1 C$ ，$K_D = R_2 C$ 。

由传递函数可知，比例控制作用由 K_P 决定，微分控制作用由 $K_P T_D$ 决定。设初始值为零，当控制器输入 u_r 为斜坡信号时，其输出 u_c 如图 5-20 所示，由图可见，T_D 就是微分控制作用超前于比例控制作用效果的时间间隔，但须指出微分控制不可能预测任何尚未发生的作用。

比例-微分控制器的对数频率特性

$$L_c(\omega) = 20\lg K_P + 20\lg\sqrt{1 + T_D^2 \omega^2}$$

$$\varphi_c(\omega) = \arctan T_D \omega$$

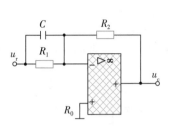

图 5-19　比例-微分控制器的实现方式

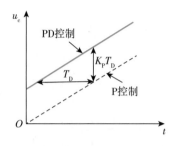

图 5-20　斜坡输入下 PD 控制器输出

若原系统频率特性为 $L_0(\omega)$、$\varphi_0(\omega)$，则加入比例-微分控制串联校正后，对数频率特性曲线如图 5-21 所示。

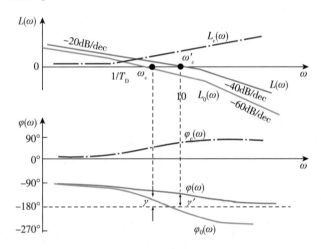

图 5-21　比例-微分控制器的伯德图

比例-微分控制器对系统的性能影响如下（类似于超前校正）：

①相位裕量增加（因为 $\varphi_c(\omega) > 0$），稳定性提高；

②ω_c 增大，快速性提高；

③$K_P = 1$ 时，系统的稳态性能没有变化；

④高频段增益上升，可能导致执行元件输出饱和，并且降低了系统抗干扰的能力。

综上所述，比例-微分控制通过引入微分作用改善了系统的动态性能。但须注意，微分控制仅仅在系统的瞬态过程中起作用，一般不单独使用。比例-微分控制器需要依据性能指标要求和一定的设计原则求解或试凑参数。

（3）PI（比例-积分）控制器

比例-积分控制器，简称 PI 控制器，在实际工程中得到了广泛的应用。由于 PI 控制器引入了积分环节，使得当加在 PI 控制器输入端的系统偏差为零时，它仍可以维持一恒定的输出作为系统的控制，这就使得原来的有静差系统有可能变成无静差系统。

比例-积分控制器的输出 $u(t)$ 与偏差 $e(t)$ 之间的关系为

$$u(t) = K_P\left(e(t) + \frac{1}{T_I}\int_0^t e(\tau)\mathrm{d}\tau\right) = K_P e(t) + K_I\int_0^t e(\tau)\mathrm{d}\tau \tag{5-24}$$

采用运算放大器实现比例-积分控制器的方式如图 5-22 所示，其传递函数为

$$G_c(s) = \frac{U(s)}{E(s)} = K_P\left(1 + \frac{1}{T_I s}\right) = K_P + K_I \frac{1}{s} \tag{5-25}$$

其中 $K_P = \frac{R_2}{R_1}$，$T_I = R_2 C$，$K_I = \frac{1}{R_1 C}$。

由传递函数可知，比例控制作用由 K_P 决定，积分控制作用由 K_P/T_I 决定。设初始值为零，当控制器输入 u_r 为单位阶跃信号时，其输出 u_c 如图 5-23 所示。

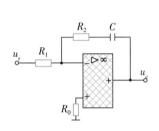
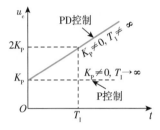

图 5-22　比例-积分控制器的实现方式　　图 5-23　单位阶跃输入下 PI 控制器的输出

比例-积分控制器的对数频率特性

$$L_c(\omega) = 20\lg K_P - 20\lg(T_I\omega) + 20\lg\sqrt{1 + T_I^2\omega^2}$$

$$\varphi_c(\omega) = \arctan T_I\omega - 90°$$

若原系统频率特性为 $L_0(\omega)$、$\varphi_0(\omega)$，则加入比例-积分控制串联校正后，对数频率特性曲线如图 5-24 所示，由于 $\varphi_c(\omega) = \arctan T_I\omega - 90° < 0°$，导致引入 PI 控制器后，系统的相位滞后增加，因此，若要通过 PI 控制器改善系统的稳定性，必须有 $K_P < 1$，以降低系统的幅值穿越频率。实际应用过程中，需要综合考虑选取 PI 控制器的参数。

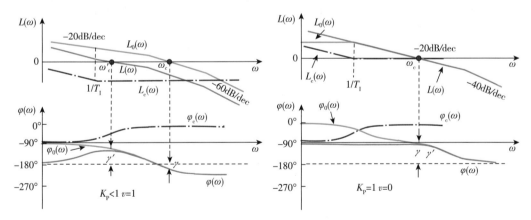

图 5-24　对数频率特性曲线

比例-积分控制器对系统的性能影响如下：

①系统型次提高，稳态性能得到了改善；

②系统从不稳定变为稳定；

③ω_c 减小，快速性变差。

综上所述：PI 控制器通过引入积分控制作用以改善系统的稳态性能，而通过比例控

作用来调节积分作用所导致相角滞后对系统的稳定性所带来的不利影响。

（4）PID（比例-积分-微分）控制器

比例-积分-微分控制器，简称 PID 控制器。

比例-积分-微分控制器的输出 $u(t)$ 与偏差 $e(t)$ 之间的关系如公式（5-26）所示，采用运算放大器实现 PID 控制器的方式如图 5-25 所示，其传递函数为

$$G_{\mathrm{c}}(s) = \frac{U(s)}{E(s)} = \frac{(\tau_1 s + 1)(\tau_2 s + 1)}{\tau s + 1} = \frac{\tau_1 + \tau_2}{\tau}\left[1 + \frac{1}{(\tau_1 + \tau_2)s} + \frac{\tau_1 \tau_2}{\tau_1 + \tau_2}s\right] =$$

$$K_{\mathrm{P}}\left(1 + \frac{1}{T_1 s} + T_{\mathrm{D}}s\right) = K_{\mathrm{P}} + K_{\mathrm{I}}\frac{1}{s} + K_{\mathrm{D}}s \tag{5-26}$$

其中 $\tau_1 = R_1 C_1$，$\tau_2 = R_2 C_2$，$\tau = R_1 C_2$，$T_1 = R_1 C_1 + R_2 C_2$，$T_{\mathrm{D}} = \dfrac{R_1 R_2 C_1 C_2}{R_1 C_1 + R_2 C_2}$，$K_{\mathrm{P}} = \dfrac{R_1 C_1 + R_2 C_2}{R_1 C_2}$，$K_I = \dfrac{1}{R_1 C_2}$，$K_{\mathrm{D}} = R_2 C_1$。

由传递函数可知，比例控制作用由 K_{P} 决定，积分控制作用由 K_{P}/T_1 决定，微分控制作用由 $K_{\mathrm{P}}T_{\mathrm{D}}$ 决定。设初始值为零，当控制器输入 u_{r} 为单位阶跃信号时，其输出 u_{c} 如图 5-26 所示。

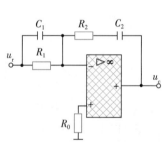

图 5-25　比例-积分-微分控制器的实现方式

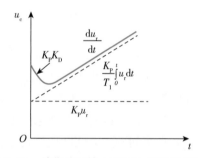

图 5-26　单位阶跃输入下 PID 控制器的输出

PID 控制器的伯德图如图 5-27 所示。

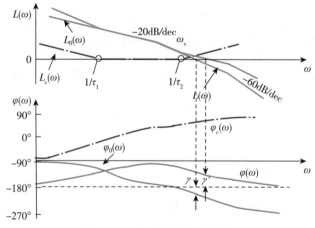

图 5-27　PID 控制器的伯德图

由图可知，PID 控制器实际上综合了 PD 和 PI 控制器的特点，它也是一种滞后-超前

校正装置。与 PI 控制器相比，PID 控制器多了一个负实数零点，因而在改善系统动态性能方面更具有优越性。在低频段，PID 控制器中积分部分起作用，将使系统对数幅频特性的斜率增加-20dB/dec，使系统的无静差度提高，从而大大改善系统的稳态性能。在中频段，PID 控制器中微分部分的超前校正起作用，使系统的相位裕量增加，也使得系统的穿越频率增加，从而使系统的动态性能改善。在高频段，PID 控制器中微分部分的超前校正起作用，使系统的高频幅值增加，抗高频干扰的能力降低，可采用修正调节器结构的办法来克服这一缺点。

5.2　控制系统的设计举例

下面以调速系统为例，来系统介绍调节器的选择和参数设计过程。

5.2.1　单闭环转速负反馈晶闸管直流调速系统

单闭环调速系统的原理图如图 5-28 所示，系统的方框图如图 5-29 所示。

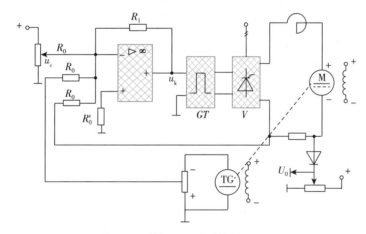

图 5-28　单闭环调速系统的原理图

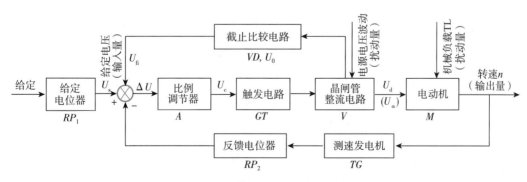

图 5-29　单闭环调速系统的方框图

电流截止负反馈环节的工作原理：

当 I_d 较小，即 $I_dR_c \leq U_0$ 时，则二极管 VD 截止，电流截止负反馈不起作用。

当 I_d 较大，即 $I_dR_c \geq U_0$ 时，则二极管 VD 导通，电流截止负反馈起作用，ΔU 减小，U_{do} 下降，I_d 下降到允许的最大电流。

系统的动态结构图如图 5-30 所示。

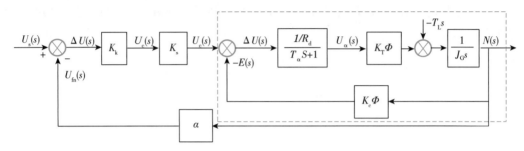

图 5-30　系统的动态结构图

由于电流截止负反馈环节在正常工作状况下不起作用，所以在系统框图上可以省去。图 5-30 中虚线框中的闭环是由电动机内部的电势构成的固有闭环，而转速负反馈闭环是人为构成的，因此，系统仍是单闭环转速负反馈直流调速系统。系统的调节过程如图 5-31 和图 5-32 所示。

图 5-31　具有转速负反馈的直流调速系统的自动调节过程

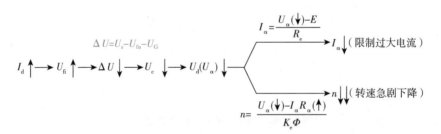

图 5-32　电流截止负反馈环节起主导作用时的自动调节过程

系统性能分析：

①调速系统增设了负反馈环节后，将使转速降为开环时的 $1/(1+K)$，从而大大提高了系统的稳态精度。这是反馈控制系统的一个突出的优点。

②采用比例调节器的转速负反馈调速系统，不论其开环增益 K 取值多大，系统总是有静差的。因此，在对系统稳态性能要求较高的场合，则通常采用在扰动量 T_L 作用点之前设置比例-积分（PI）调节器。由于 PI 调节器的传递函数含有积分环节，使该系统变为 I 型系统，对阶跃信号无静差，即转速降 $\Delta n = 0$，静差率 $s = 0$。系统由阶跃有静差系统变为阶跃无静差系统。

设置了 PI 调节器后，将使系统稳定性变差（$\gamma \downarrow$），甚至造成不稳定，可通过增加 PI

调节器的微分时间常数 T 和降低增益 K 来解决（适当增大运放器反馈回路的电容 C 和减小反馈回路的电阻 R 来解决）。

③系统的动态性能分析：改善系统动态性能是在系统稳定且稳态误差小于规定值的前提下进行的，这通常是通过增加 PI 调节器的微分时间常数 T（$T\uparrow\gamma\uparrow\to\sigma\downarrow\omega_c\uparrow\to t_s\downarrow$）和调整增益 K（$K\downarrow\gamma\uparrow\to\sigma\downarrow\omega_c\uparrow\to t_s\downarrow$）来进行的。

5.2.2　转速、电流双闭环直流调速系统

由于单闭环直流调速系统的电流截止负反馈只是起到限制最大电流的作用，当电流到达最大值后便迅速降下来。这样，使电动机的转矩也随之减小，使启动加速过程变慢，启动的时间也比较长（即调整时间 t_s 较长）。

在设计过程中，希望能实现如下控制：

①启动过程中，只有电流负反馈，没有转速负反馈。

②稳态时，只有转速负反馈，没有电流负反馈。

设计要求存在转速和电流两种负反馈，且使它们只能分别在不同的阶段里起作用，因此只用一个调节器是不可能实现的，必须用两个调节器分别调节转速和电流，构成转速、电流双闭环调速系统，其结构如图 5-33 所示。

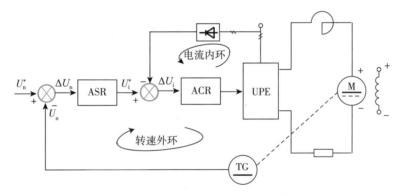

图 5-33　转速、电流双闭环直流调速系统结构

ASR—转速调节器；ACR—电流调节器；TG—测速发电机；UPE—电力电子变换器

由图 5-33 可知，转速、电流双闭环调速系统具有如下特点：

①有两个调节器，分别调节转速和电流，即分别引入转速负反馈和电流负反馈。

②电流内环、转速外环，转速调节器的输出当作电流调节器的输入，二者嵌套连接。

③调节器均采用 PI 调节器。

④调节器均设成带限幅的。

⑤稳态时 $\Delta U_i=0$（电流无静差），$\Delta U_n=0$（转速无静差）。

转速、电流双闭环直流调速系统动态结构图如图 5-34 所示。

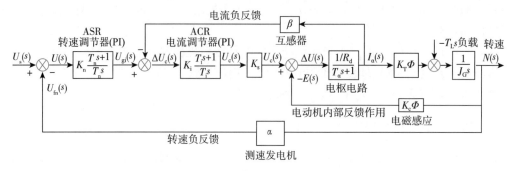

图 5-34　转速、电流双闭环直流调速系统动态结构图

双闭环直流调速系统的自动调节过程如图 5-35 和图 5-36 所示。

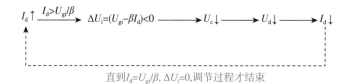

图 5-35　电流环自动调节过程

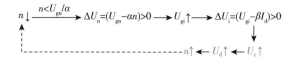

图 5-36　速度环自动调节过程

系统性能分析：

①双闭环调速系统的静特性在负载电流小于 I_{dm}（I_d 的最大值）时表现为转速无静差，此时转速负反馈起主要调节作用。

②当负载电流达到 I_{dm} 后，转速调节器饱和，电流调节器起主要调节作用，系统表现为电流无静差，得到过电流的自动保护。

综上可知：$I_d < I_{dm}$ 时，系统表现为转速无静差，转速负反馈起主要作用；$I_d > I_{dm}$ 时，ASR 输出达到 U_{im}^*，系统表现为电流无静差，电流调节器起主要作用，维持 I_d 不变。

5.2.3　设计实例

已知系统的固有参数：（设转速环反馈系数 K_{fn} 为 α，电流环反馈系数 K_{fi} 为 β）直流电动机 $P_N = 2.8\text{kW}$，$n_N = 1500\text{r/min}$，$U_N = 220\text{V}$，$R_\alpha = 1.5\Omega$，$I_N = 15.6\text{A}$，电磁时间常数 $T_L = 0.008\text{s}$，机电时间常数 $T_M = 0.25\text{s}$。系统的动态结构图如图 5-37 所示。

系统中的交流装置采用三相桥式整流电路，整流电路的内阻为 $R_s = 1\Omega$，晶闸管触发整流装置放大倍数 $K_s = 50$，速度给定的最大电压为 $U_{gnm} = 10\text{V}$，其对应最高运行转速为 $n_m = 1200\text{r/min}$，速度调节器限幅值 $U_{gim} = 8\text{V}$。

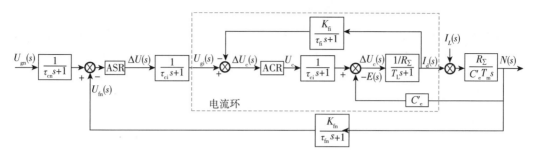

图 5-37　系统的动态结构图

（1）计算主要参数

根据上述固有参数，在如图 5-37 所示的系统结构图中，固有部分的几个主要参数计算如下：

①电动机的电势常数

$$C_e = \frac{U_N - I_N R_\alpha}{n_N} = \frac{220 - 15.6 \times 1.5}{1500} V/(r \cdot min^{-1}) = 0.13 V/(r \cdot min^{-1})$$

②三相桥式晶闸管整流装置的滞后时间

$$T_s = \frac{1}{2mf} = \frac{1}{2 \times 6 \times 50} s = 0.0017 s$$

③电枢回路总电阻

$$R_\Sigma = R_\alpha + R_s = (1.5 + 1) \Omega = 2.5 \Omega$$

（2）预先选定的参数

①调节器输入回路电阻。

一般调节器的输入电阻均取相同数值，本例取 $R_0 = 20 k\Omega$。

②电流反馈系数 β，即 K_{fi}。

设最大允许电流 $I_{dm} = I_N = 15.6 A$，当系统处于稳态、电流无静差时，则 ACR 输入偏差电压

$$\Delta U_i = U_{gi} - U_{fi} = 0$$

故

$$U_{gi} = U_{fi} = \beta I_d$$

当电枢电流处于最大允许电流时，速度调节器的输出量为 $U_{gi} = U_{gim}$，由 $U_{gim} = \beta I_{dm}$ 可求得电流反馈系数

$$\beta = \frac{U_{gim}}{I_{dm}} = \frac{8}{15.6} = 0.5 V/A$$

③转速反馈系数 α，即 K_{fn}。

当系统处于稳态、转速无静差时，ASR 输入偏差电压

$$\Delta U_n = U_{gn} - U_{fn} = 0$$

则 $U_{gn} = U_{fn} = \alpha n$

由 $U_{gnm} = \alpha n_m$ 可求得转速反馈系数　　$\alpha = \frac{U_{gnm}}{n_m} = \frac{10}{1200} = 0.0083 V/(r \cdot min^{-1})$

④给定滤波环节及反馈滤波环节的时间常数。

由于在电流检测信号和转速检测信号中有较多的谐波分量，而这些谐波分量会使系统产生振荡，因此，反馈信号一般都要经过滤波。电流反馈信号的滤波时间常数 τ_{fi} 一般取 l~3ms，本例取 $\tau_{fi}=2$ms。而转速反馈信号一般取自测速发电机，当转速低时，谐波频率较低，容易引起机械振荡，故转速反馈滤波时间常数 τ_{fn} 一般取 5~20ms，本例中取 $\tau_{fn}=$ 10ms。为了补偿电流、速度反馈的惯性影响，在速度和电流给定的输入端设置给定滤波器，使电流给定滤波时间常数 $\tau_{ci}=\tau_{fi}$，速度给定滤波时间常数 $\tau_{cn}=\tau_{fn}$。目前给定滤波器和反馈滤波器多设在调节器输入端，如图 5-37 所示，其时间常数计算公式为

$$\tau = \frac{1}{4}R_0C_0$$

（3）电流调节器的设计

①求电流环固有部分传递函数。

双闭环调速系统电流环的动态结构图如图 5-38 所示。

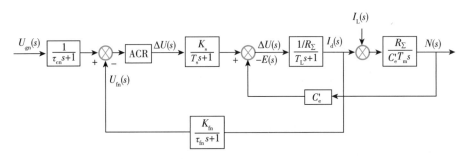

图 5-38 双闭环调速系统电流环的动态结构图

假定为理想空载，即 $I_L=0$，并略去 E 的影响。

②选择电流调节器。

根据对电流环的设计要求，电流环应按二阶典型系统来设计，则电流环预期开环频率特性为

$$G_{0i}(s) = \frac{1}{2T_{\sum i}s(1 + T_{\sum i}s)}$$

式中 $T_{\sum i} = \tau_{fi} + T_s$（小惯性环节合并）

电流环框图化简过程如图 5-39 所示。

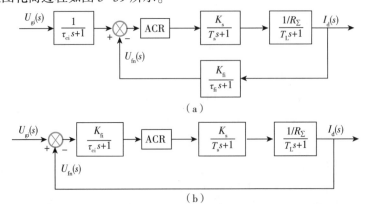

（a）

（b）

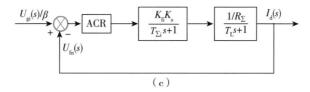

（c）

图 5-39 电流环框图化简过程

显然，在上述条件下，电流调节器应为 PI 调节器，即

$$G_i(s) = K_i \frac{\tau_i s + 1}{\tau_i s}$$

其中 $\tau_i = T_L = 0.008s$

$$K_i = \frac{1}{2} \frac{R_\Sigma T_L}{K_s \beta T_{\Sigma i}} = \frac{2.5 \times 0.008}{2 \times 50 \times 0.5 \times 0.0037} = 0.1$$

于是，由电流调节器的 $K_i = 0.1$ 及 $\tau_i = 0.008s$ 可求得 R_i 和 C_i，若 $R_0 = 20k\Omega$，则有

$$R_i = K_i R_0 = 0.1 \times 20k\Omega = 2k\Omega$$

$$\tau_i = R_i C_i$$

可得

$$C_i = \frac{\tau_i}{R_i} = \frac{0.008}{2 \times 10^3} = 4\mu F$$

由电流调节器输入滤波器的时间常数 $\tau_{ci} = \tau_{fi} = \frac{1}{4} R_0 C_{0i}$，$\tau_{ci} = \tau_{fi} = 0.002s$，

可得

$$C_{0i} = \frac{4 \times 2 \times 10^{-3}}{20 \times 10^3} = 0.4\mu F$$

取 $C_{0i} = 0.47\mu F$。

校正后电流环结构如图 5-40 所示。

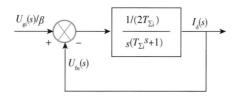

图 5-40 校正后电流环结构

（4）速度调节器的设计

①电流闭环等效传递函数。

由校正后电流环结构图可得电流环的闭环传递函数为

$$\frac{I_d(s)}{U_{gi}(s)} = \frac{1/\beta}{2T_{\Sigma i}^2 s^2 + 2T_{\Sigma i} s + 1}$$

当 $\omega_{cn} \leqslant 1/(5T_{\Sigma i})$ 时，则式中的振荡环节可降阶近似处理为一阶惯性环节，即电流闭环等效传递函数为

$$\frac{I_d(s)}{U_{gi}(s)} = \frac{1/\beta}{2T_{\sum i}^2 s^2 + 2T_{\sum i}s + 1} \approx \frac{1}{1 + 2T_{\sum i}s}$$

说明电流闭环后改造了控制对象，加快了电流跟随作用。

②速度环结构图。

将电流闭环等效为一个一阶惯性环节后，速度环动态结构图如图5-41所示。

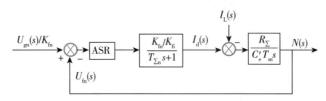

图5-41　速度环动态结构图

考虑了速度给定和速度反馈滤波作用后的速度环动态结构图如图5-42所示。

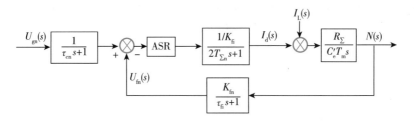

图5-42　考虑滤波后的速度环动态结构图

两个小惯性环节合并

$$T_{\sum n} = \tau_{fn} + 2T_{\sum i} = 0.01s + 2 \times 0.0037s = 0.0174s$$

速度调节器的选择，如果要求系统对负载扰动是无静差的，则系统一定要按三阶典型系统设计。此时速度调节器选用 PI 调节器，其形式为

$$G_n(s) = K_n \frac{\tau_n s + 1}{\tau_n s}$$

$$G_{0n}(s) = \frac{K_n \alpha R_{\sum}}{\tau_n \beta C_e' T_M} \frac{\tau_0 s + 1}{s^2(T_{\sum n}s + 1)} = K_N \frac{\tau_0 s + 1}{s^2(T_{\sum n}s + 1)}$$

式中

$$K_N = \frac{K_n \alpha R_{\sum}}{\tau \beta C_e' T_M}$$

当用 MPmin 准则来设计速度环时，速度调节器的积分时间常数为 $\tau_n = hT_{\sum n}$

速度环开环增益为

$$K_N = \frac{h + 1}{2h^2 T_{\sum n}^2}$$

因此，速度调节器比例放大系数为

$$K_n = K_N \frac{\tau_n \beta C_e' T_M}{\alpha R_{\sum}} = \frac{(h + 1)\beta C_e' T_M}{2h\alpha R_{\sum} T_{\sum n}}$$

取速度环的 $h = 5$，那么有 $\tau_n = hT_{\sum n} = 5 \times 0.0174 \approx 0.087 \mathrm{s}$

$$K_N = \frac{h + 1}{2h^2 T_{\sum n}^2} = \frac{5 + 1}{2 \times 5^2 \times 0.0174^2} = 396$$

$$K_n = K_N \frac{\tau_n \beta C_e' T_M}{\alpha R_{\sum}} = \frac{396 \times 0.087 \times 0.5 \times 0.13 \times 0.25}{0.09 \times 2.5} \approx 2.5$$

若取 $R_0 = 20 \mathrm{k\Omega}$，相应可算得速度调节器的元件参数为

$$R_n = K_n R_0 = 2.5 \times 20 = 50 \mathrm{k\Omega}$$

实取 $R_0 = 51 \mathrm{k\Omega}$，由 $\tau_n = R_n C_n$ 可得

$$C_n = \frac{\tau_n}{R_n} = \frac{0.087}{50 \times 10^3} = 1.74 \mathrm{\mu F}$$

实取 $C_n = 2\mathrm{\mu F}$。

速度环滤波时间常数 $\tau_{cn} = \tau_{fn} = R_0 C_{0n} / 4 = 0.01 \mathrm{s}$。

至此，双闭环直流调速系统的理论设计初步完成，但还需要实际调试和修正。

本章小结

（1）校正就是在控制对象已知、性能指标已定的情况下，在系统中增加新的环节或改变某些参数以改变原系统性能，使其满足所定性能指标要求的一种方法。校正实质是通过引入校正环节，改变整个系统的零极点分布，从而改变系统的频率特性或根轨迹形状，使系统频率特性的低、中、高频段满足希望的性能或使系统的根的轨迹穿越希望的闭环主导极点，从而使系统满足希望的动、静态性能指标要求。

（2）串联超前校正是在系统的前向通路中增加超前校正装置，以实现在开环增益不变的前提下，系统的动态性能亦能满足设计的要求。

（3）串联滞后校正采用相位滞后校正环节，它使输出相位滞后于输入相位，对控制信号产生相移的作用。由于系统的稳态误差取决于开环传递函数的型次和增益，为了减小稳态误差而又不影响稳定性和响应的快速性，只要加大低频段的增益即可。

（4）超前校正使系统带宽增加，提高了时间响应速度，但对稳态误差影响较小；滞后校正则可以提高稳态性能，但使系统带宽减小，降低了时间响应速度。采用滞后-超前校正环节，则可以同时改善系统的瞬态响应和稳态精度。

（5）PID控制器是通过对输出与输入之间的误差（或偏差）进行比例（P）、积分（I）、微分（D）的线性组合以形成控制规律，对被控对象进行校正和控制。设计时，一般是将控制器的增益调整到使系统的开环增益满足稳态性能指标的要求，而控制器的零点和极点的设置，能使校正后的系统的闭环极点处于所希望的位置，满足瞬态性能的要求。

第6章

MATLAB 仿真实验

✧ 学习目标：

熟悉 MATLAB 和 Simulink 的仿真集成环境。

能运用 MATLAB 进行基本数学运算。

能运用 MATLAB/Simulink 进行一阶系统和二阶系统的性能指标分析。

能运用 MATLAB/Simulink 工具分析高阶系统的稳定性。

能运用 MATLAB/Simulink 工具绘制系统的频域特性图，并判断系统的稳定性。

能运用 MATLAB/Simulink 的 SISO 工具进行系统设计。

能运用 MATLAB/Simulink 进行 PID 参数整定。

6.1 Simulink 仿真集成环境简介

Simulink 是可视化动态系统仿真环境。1990 年正式由 Mathworks 公司引入到 MATLAB 中，它是 Simutation 和 Link 的结合。这里主要介绍它的使用方法和它在控制系统仿真分析和设计操作的有关内容。

6.1.1 进入 Simulink 操作环境

双击桌面上的 MATLAB 图标，启动 MATLAB，进入开发环境，如图 6-1 所示。

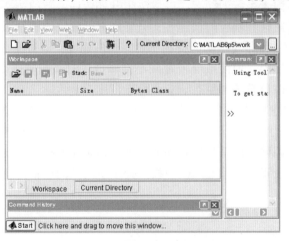

图 6-1　MATLAB 开发环境

从 MATLAB 的开发环境画面进入 Simulink 操作环境有多种方法，介绍如下：

①点击工具栏的 Simulink 图标🖳，弹出如图 6-2 所示的图形库浏览器画面。

②在命令窗口键入"simulink"命令，可自动弹出图形库浏览器。

上述两种方法需从图 6-2 所示画面"File"下拉式菜单中选择"New/Model"，或点击图标🗋，得到图 6-3 的图形仿真操作画面。

③从"File"下拉式菜单中选择"New/Model"，弹出如图 6-3 所示的未命名的图形仿真操作画面。从工具栏中点击图形库浏览器图标🖳，调出图 6-2 的图形库浏览器画面。图6-3 用于仿真操作，图 6-2 的图形库用于提取仿真所需的功能模块。

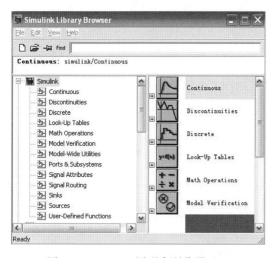

图 6-2　Simulink 图形库浏览器画面

图 6-3　Simulink 仿真操作环境画面

6.1.2　基本操作

（1）提取所需的仿真模块

在提取所需仿真模块前，应绘制仿真系统框图，并确定仿真所用的参数。图 6-2 中的仿真用图形库，提供了所需的基本功能模块，能满足系统仿真的需要。该图形库有多种图形子库，用于配合有关的工具箱。下面将对本书中实验可能用到的功能模块作一个简单介绍。

①Sources（信号源模块组）

点击图 6-2 图形库浏览器画面中的 Sources，界面右侧会出现各种常用的输入信号，如图 6-4 所示。

· In（输入端口模块）——用来反映整个系统的输入端子，这样的设置在模型线性化与命令行仿真时是必需的。

· Signal Generator（信号源发生器）——能够生成若干种常用信号，如方波信号、正弦波信号、锯齿波信号等，允许用户自由调整其幅值、相位及其他信号。

· From File（读文件模块）和 From Workspace（读工作空间模块）——两个模块允许从文件或 MATLAB 工作空间中读取信号作为输入信号。

· Clock（时间信号模块）——生成当前仿真时钟，在与事件有关的指标求取中是很有意义的。

· Constant（常数输入模块）——此模块以常数作为输入，可以在很多模型中使用该模块。

· Step（阶跃输入模块）——以阶跃信号作为输入，其幅值可以自由调整。

· Ramp（斜坡输入模块）——以斜坡信号作为输入，其斜率可以自由调整。

· Sine Wave（正弦信号输入模块）——以正弦信号作为输入，其幅值、频率和初相位可以自由调整。

· Pulse Generator（脉冲输入模块）——以脉冲信号作为输入，其幅值和脉宽可以自由调整。

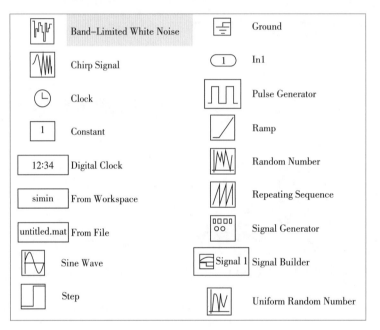

图 6-4　信号源模块组

②Continuous（连续模块组）

连续模块组包括常用的连续模块，如图 6-5 所示。

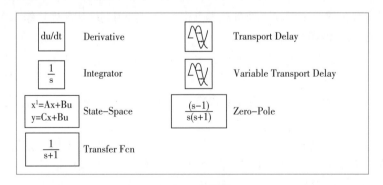

图 6-5　连续模块组

· Derivative（微分器）——此模块相当于自动控制系统中的微分环节，将其输入端的信号经过一阶数值微分，在其输出端输出。在实际应用中应该尽量避免使用该模块。

· Integrator（积分器）——此模块相当于自动控制系统中的积分环节，将输入端信号经过数值积分，在输出端输出。

· Transfer Fcn（传递函数）——此模块可以直接设置系统的传递函数，以多项式的比值形式描述系统，一般形式为 $G(s) = \dfrac{b_m s^m + b_{m-1} s^{m-1} + \cdots + b_1 s + b_0}{a_n s^n + a_{n-1} s^{n-1} + \cdots + a_1 s + a_0}$，其分子、分母多项式的系数可以自行设置。

· Zero-Pole（零极点）——将传递函数分子和分母分别进行因式分解，变成零极点表达形式 $G(s) = K \dfrac{(s - z_1)(s - z_2) \cdots (s - z_m)}{(s - p_1)(s - p_2) \cdots (s - p_n)}$，其中 z_i（系统的零点）、p_j（系统的极点）可以自行设置。

· Transport Delay（时间延迟）——此模块相当于自动控制系统中的延迟环节，用于将输入信号延迟一定时间后输出，延迟时间可以自行调整。

③Math Operations（数学函数模块组）

数学函数模块组包含各种数学函数运算模块，如图6-6所示。

· Gain（增益函数）——此模块相当于自动控制系统中的比例环节，输出信号等于输入信号乘以模块中指定的数值，此数值可以自行调整。

· Sum（求和模块）——此模块相当于自动控制系统中的加法器，将输入的多路信号进行求和或求差。

· 其他数学函数，如 Abs（绝对值函数）、Sign（符号函数）、Rounding Function（取整模块）等。

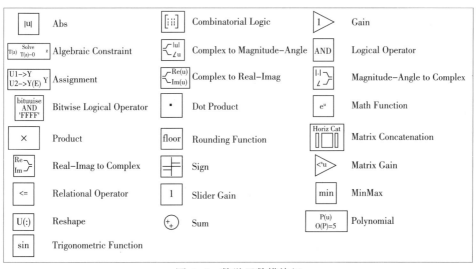

图6-6　数学函数模块组

④Sinks（输出池模块组）

输出池模块组包含那些能显示计算结果的模块，如图6-7所示。

· Out（输出端口模块）——用来反映整个系统的输出端子，这样的设置在模型线性化与命令行仿真时是必需的，另外，系统直接仿真时这样的输出将自动在 MATLAB 工作空间中生成变量。

· Scope（示波器模块）——将其输入信号在示波器中显示出来。

· XY Graph（XY 示波器）——将两路输入信号分别作为示波器的两个坐标轴，将信号的相轨迹显示出来。

· To Workspace（工作空间写入模块）——将输入的信号直接写到 MATLAB 的工作空间中。

· To File（文件写入模块）——将输入的信号写到文件中。

· Display（数字显示模块）——将输入的信号以数字的形式显示出来。

· Stop Simulation（仿真终止模块）——如果输入的信号为非零时，将强行终止正在进行的仿真过程。

· Terminator（信号终结模块）——可以将该模块连接到闲置的未连接的模块输出信号上，避免出现警告。

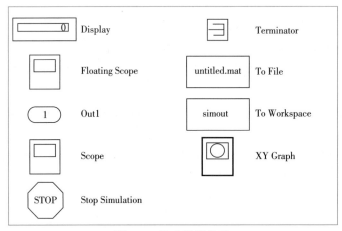

图 6-7　输出池模块组

在图 6-2 所示界面用鼠标点击打开所需子图形库，用鼠标选中所需功能模块，将其拖曳到图 6-3 所示界面的空白位置。重复上述拖曳过程，直到将所需的全部功能模块拖曳到图 6-3 所示界面中。

拖曳时应注意下列事项：

a. 根据仿真系统框图，选择合适的功能模块进行拖曳，放到合适的位置，以便于连接。

b. 对重复的模块，可采用复制和粘贴操作，也可以反复拖曳。

c. 功能模块和图 6-3 所示界面的大小可以用鼠标移动到图标或图边，在出现双向箭头后进行放大或缩小的操作。

（2）功能模块的连接

根据仿真系统框图，用鼠标点击并移动所需功能模块到合适的位置，将鼠标移到有关功能模块的输出端，选中该输出端并移动鼠标到另一个功能模块的输入端，移动时出现虚线，到达所需输入端时，释放鼠标左键，相应的连接线出现，表示该连接已完成。重复以上的连接过程，直到完成全部连接，组成仿真系统。

（3）功能模块参数设置

使用者须设置功能模块参数后，方可进行仿真操作。不同功能模块的参数是不同的，用鼠标双击该功能模块自动弹出相应的参数设置对话框。

例如，图 6-8 是 Transfer Fcn（传递函数）功能模块的对话框。功能模块对话框由功能模块说明和参数设置框组成。功能模块说明框用于说明该功能模块使用的方法和功能，参数设置框用于设置该模块的参数。Transfer Fcn 的参数设置框由分子和分母多项式两个编辑框组成，在分子多项式框中，用户可输入系统模型的分子多项式，在分母多项式框中，输入系统模型的分母多项式。设置功能模块的参数后，点击 OK 进行确认，将设置的参数送至仿真操作画面，并关闭对话框。

（4）仿真器参数设置

点击图 6-3 操作画面"Simulation"下拉式菜单"Simulation Parameters…"选项，弹出如图 6-9 所示的仿真参数设置画面。画面共有 Solver、Workspace I/O、Diagnostics、Advanced 和 Real-Time Workshop 等五个页面。在 Solver 中设置 Solver Type、Solver（步长）等。仿真操作时，可根据仿真曲线设置终止时间和最大步长，以便得到较光滑的输出曲线。

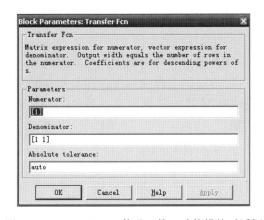

图 6-8 Transfer Fcn（传递函数）功能模块对话框

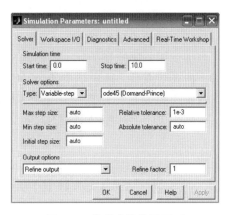

图 6-9 仿真参数设置画面

（5）示波器参数设置

当采用示波器显示仿真曲线时，须对示波器参数进行设置。双击 Scope 模块，弹出如图 6-10 所示的示波器显示画面，点击画面中的图标，弹出如图 6-11 所示的示波器属性对话框。该对话框分 General 和 Data history 两个页面，用于设置显示坐标窗口数、显示时间范围、标记和显示频率或采样时间等。时间范围可以在示波器属性对话框里的 General 页中的 Time range 设置，设置值应与仿真器终止时间一致，以便最大限度显示仿真操作数据。鼠标右键点击示波器显示窗口：从弹出菜单选择"Autoscale"，或直接点击图标，可在响应曲线显示后自动调整纵坐标范围；从弹出菜单选择"Save current axes settings"，或直接点击图标，将当前坐标轴范围的设置数据存储。此外，还有打印、放大或恢复等操作。

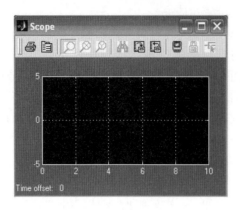

图 6-10　示波器显示画面

图 6-11　示波器属性对话框

（6）运行仿真

模型编辑好后，点击图 6-3 操作画面"Simulation"下拉式菜单"start"或"start Simulation"按钮运行，双击 Scope 模块，显示输出曲线。

（7）对数据作后续处理

当仿真任务比较复杂时，需要将 Simulation 生成的数据再导入到工作空间进行处理和分析，仿真结束后，输出结果通过"To workspace"传送到工作空间中，在工作空间窗口中能看到这些变量，使用"whos"命令能看到这些变量的详细信息。另外，"To file""From file"模块能实现文件与 Simulink 的数据传输。

6.2　熟悉 MATLAB 的实验环境

6.2.1　实验目的

（1）了解 MATLAB 的实验环境和基本操作。

（2）学习用 MATLAB 进行基本数学运算。

6.2.2　基础知识及 MATLAB 函数

（1）MATLAB 系统的启动

①使用 Windows"开始"菜单。

②运行 MATLAB 系统启动程序 MATLAB。

③双击 MATLAB 快捷图标。

（2）MATLAB 系统的退出

①在 MATLAB 主窗口 File 菜单中选择 Exit MATLAB 命令。

②在 MATLAB 命令窗口输入 exit 或 quit 命令。

③单击 MATLAB 主窗口的"关闭"按钮。

（3）M文件建立方法

①在MATLAB中，点击：File->New->M-file。

②在编辑窗口中输入程序内容。

③点击：File->Save，存盘，M文件名必须与函数名一致。

（4）MATLAB基本语法及数据显示格式

在MATLAB下进行基本数学运算，只需将运算式直接打入提示符（">>"）后，并按Enter键即可。例如：

>> （10 * 19+2/4-34)/2 * 3 ↵

　　ans =

　　　234.7500

MATLAB会将运算结果直接存入一变量ans，代表MATLAB运算后的答案，并显示其数值。

ans为保留变量，它将永远存放最近一次无赋值变量语句的运算结果。

注：

①主程序开头用clear指令清除变量。用clc指令清除屏幕。

②所有的符号必须是英文符号。

③定义变量参数值要集中放在程序的开始部分。

④可在语句行的最后输入分号，其结果不会显示在屏幕上。

⑤编程时，一行可以只有一个语句，也可有多个语句。多语句之间以分号或逗号或回车换行结束。

⑥%后面的内容是程序的注释说明。

（5）拉氏变换和拉氏反变换

求拉氏变换可用函数：laplace（ft，t，s）；

求拉氏反变换可用函数：ilaplace（Fs，s，t）。

6.2.3　实验内容

【上机练习1】

（1）已知：$x=15$，$y=10$，$z=7$；

求解：$(x+2y+5z)$ /3。

（2）已知$x=-3.5°$，$y=6.7°$，求解$\dfrac{\sin(\mid x\mid+\mid y\mid)}{\sqrt{\cos(\mid x+y\mid)}}$。

【上机练习2】

画出$y=\cos（x）$在［0，4 * pi］上的图像，并注明标题、x轴名称和y轴名称。

【上机练习3】

（1）用MATLAB求$f(t)=0.1e^{-t}\sin(t-\pi/3)$的拉氏变换。

（2）用MATLAB求$F(s)=\dfrac{s+1}{(s+2)(s+3)}$的拉氏反变换。

6.2.4　实验要求

（1）复习拉式变换与拉式反变换。

（2）启动 MATLAB 软件，熟悉运行环境。

（3）按照实验内容进行上机练习。

（4）完成实验报告。

6.3　典型环节的 MATLAB 性能分析

6.3.1　实验目的

（1）熟悉 MATLAB 桌面和命令窗口，初步了解 Simulink 功能模块的使用方法。

（2）通过观察典型环节在单位阶跃信号作用下的动态特性，加深对各典型环节响应曲线的理解。

（3）定性了解各参数变化对典型环节动态特性的影响。

6.3.2　基础知识

MATLAB 中 Simulink 是一个用来对动态系统进行建模、仿真和分析的软件包。利用 Simulink 功能模块可以快速地建立控制系统的模型，进行仿真和调试。

（1）运行 MATLAB 软件，在命令窗口栏"＞＞"提示符下键入 simulink 命令，按 Enter 键或在工具栏单击 按钮，即可进入如图 6-12 所示的 Simulink 仿真环境下。

（2）选择 File 下拉式菜单 New 下的 Model 命令，新建一个 Simulink 仿真环境常规模板。

（3）在 Simulink 仿真环境下，创建所需要的系统。

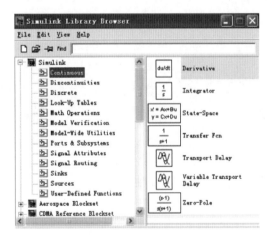

图 6-12　Simulink 仿真界面

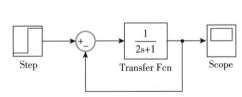

图 6-13　系统方框图

以图 6-13 所示的系统为例，说明基本设计步骤如下：

①进入线性系统模块库，构建传递函数。点击 Simulink 下的"Continuous"，再将右边窗口中"Transfer Fcn"的图标用左键拖至新建的"untitled"窗口。

138

②改变模块参数。在 Simulink 仿真环境 "untitled" 窗口中双击 "Transfer Fcn" 图标，即可改变传递函数。其中方括号内的数字分别为传递函数的分子、分母各次幂由高到低的系数，数字之间用空格隔开。设置完成后，点击 OK，即完成该模块的设置。

③建立其他传递函数模块。按照上述方法，在不同的 Simulink 的模块库中，建立系统所需的传递函数模块。例：比例环节用 "Math Operations" 右边窗口 "Gain" 的图标。

④选取阶跃信号输入函数。用鼠标点击 Simulink 下的 "Sources"，将右边窗口中 "Step" 图标用左键拖至新建的 "untitled" 窗口，形成一个阶跃函数输入模块。

⑤选择输出方式。用鼠标点击 Simulink 下的 "Sinks"，就进入输出方式模块库，通常选用 "Scope" 的示波器图标，将其用左键拖至新建的 "untitled" 窗口。

⑥选择反馈形式。为了形成闭环反馈系统，需选择 "Math Operations" 模块库右边窗口 "Sum" 图标，并用鼠标双击，将其设置为需要的反馈形式（改变正负号）。

⑦连接各元件，用鼠标连线，构成闭环传递函数。

⑧运行并观察响应曲线。用鼠标单击工具栏中的 "▶" 按钮，便能自动运行仿真环境下的系统框图模型。运行完之后用鼠标双击 "Scope" 元件，即可看到响应曲线。

6.3.3 实验内容

（1）比例环节（K）

从图形库浏览器中拖曳 Step（阶跃输入）、Gain（增益）、Scope（示波器）模块到仿真操作画面，连接成仿真框图。

改变增益模块的参数，从而改变比例环节的放大倍数 K，观察它们的单位阶跃响应曲线变化情况。可以同时显示三条响应曲线，仿真框图如图 6-14 所示。

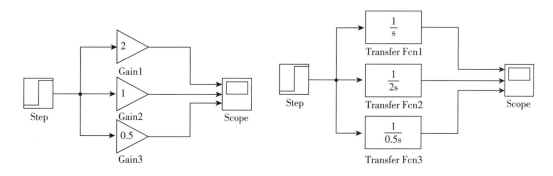

图 6-14　比例环节仿真框图　　　　图 6-15　积分环节仿真框图

（2）积分环节（$\dfrac{1}{Ts}$）

将仿真框图中的 Gain（增益模块）换成 Transfer Fcn（传递函数）模块，设置 Transfer Fcn（传递函数）模块的参数，使其传递函数变成 $\dfrac{1}{Ts}$ 型。

改变 Transfer Fcn（传递函数）模块的参数，从而改变积分环节的 T，观察它们的单位阶跃响应曲线变化情况。仿真框图如图 6-15 所示。

（3）一阶惯性环节（ $\frac{1}{Ts+1}$ ）

将 Transfer Fcn（传递函数）模块的参数重新设置，使其传递函数变成 $\frac{1}{Ts+1}$ 型，改变惯性环节的时间常数 T，观察它们的单位阶跃响应曲线变化情况。仿真框图如图 6-16 所示。

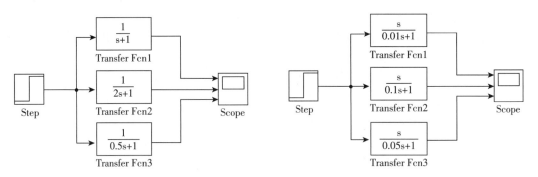

图 6-16　惯性环节仿真框图　　　　图 6-17　实际微分环节仿真框图

（4）实际微分环节（ $\frac{Ks}{Ts+1}$ ）

将 Transfer Fcn（传递函数）模块的参数重新设置，使其传递函数变成 $\frac{Ks}{Ts+1}$ 型（参数设置时应注意 $T<<1$ ）。

令 K 不变，改变 Transfer Fcn（传递函数）模块的参数，从而改变 T，观察它们的单位阶跃响应曲线变化情况。仿真框图如图 6-17 所示。

（5）二阶振荡环节（ $\frac{\omega_n^2}{s^2+2\zeta\omega_n s+\omega_n^2}$ ）

将 Transfer Fcn（传递函数）模块的参数重新设置，使其传递函数变成 $\frac{\omega_n^2}{s^2+2\zeta\omega_n s+\omega_n^2}$ 型（参数设置时应注意 $0<\zeta<1$ ），仿真框图如图 6-18 所示。

①令 ω_n 不变，ζ（ $0<\zeta<1$ ）取不同值，观察其单位阶跃响应曲线变化情况。

②令 $\zeta=0.2$ 不变，ω_n 取不同值，观察其单位阶跃响应曲线变化情况。

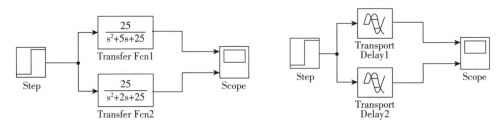

图 6-18　二阶振荡环节仿真框图　　　　图 6-19　延迟环节仿真框图

（6）延迟环节（$e^{-\tau s}$）

将仿真框图中的 Transfer Fcn（传递函数）模块换成 Transport Delay（时间延迟）模块，改变延迟时间 τ，观察单位阶跃响应曲线变化情况。仿真框图如图6-19所示。

6.3.4　实验要求

（1）完成实验任务所有的仿真分析。

（2）撰写实验报告。

①实验题目和目的。

②实验原理。

③各环节的仿真框图和阶跃响应曲线。

④讨论各环节中参数变化对阶跃响应的影响。

⑤实验的体会。

6.4　二阶系统的 MATLAB 性能分析

6.4.1　实验目的

（1）熟练掌握 step（　）函数和 impulse（　）函数的使用方法，研究线性系统在单位阶跃、单位脉冲及单位斜坡函数作用下的响应。

（2）研究二阶系统的两个重要参数阻尼比 ζ 和自然振荡频率 ω_n 对系统动态性能的影响。

（3）比较比例-微分控制的二阶系统和典型二阶系统的性能。

（4）比较输出量速度反馈控制的二阶系统和典型二阶系统的性能。

6.4.2　基础知识及 MATLAB 函数

时域分析法直接在时间域中对系统进行分析，可以提供系统时间响应的全部信息，具有直观、准确的特点。实际经常采用瞬态响应（如阶跃响应、脉冲响应和斜坡响应）来研究控制系统的时域特性。本次实验从分析系统的性能指标出发，给出了在 MATLAB 环境下获取系统时域响应和分析系统的动态性能和稳态性能的方法。

用 MATLAB 求系统的瞬态响应时，将传递函数的分子、分母多项式的系数分别以 s 的降幂排列写为两个数组 num、den。由于控制系统分子的阶次 m 一般小于其分母的阶次 n，所以 num 中的数组元素与分子多项式系数之间自右向左逐次对齐，不足部分用零补齐，缺项系数也用零补上。

（1）用 MATLAB 求控制系统的瞬态响应

①阶跃响应

求系统阶跃响应的指令有：

step（num，den）　　　　%时间向量 t 的范围由软件自动设定，阶跃响应曲线随机绘出

step(num, den, t)　　%时间向量 t 的范围可以由人工给定（例如 t＝0：0.1：10）

[y, x]＝step(num, den)　　%返回变量 y 为输出向量, x 为状态向量

在 MATLAB 程序中，先定义 num, den 数组，并调用上述指令，即可生成单位阶跃输入信号下的阶跃响应曲线图。

考虑下列系统

$$\frac{C(s)}{R(s)} = \frac{25}{s^2 + 4s + 25}$$

该系统可以表示为两个数组，每一个数组由相应的多项式系数组成，并且以 s 的降幂排列。MATLAB 的调用语句为

num＝[0　0　25];　　　　　　　　%定义分子多项式

den＝[1　4　25];　　　　　　　　%定义分母多项式

step(num, den)　　　　　　　　%调用阶跃响应函数求取单位阶跃响应曲线

grid on　　　　　　　　　　%画网格标度线

xlabel('t∕s'), ylabel('c(t)')　　　　　　%给坐标轴加上说明

title('Unit-step Response of G(s)＝25/(s^2+4s+25)')%给图形加上标题名

则该单位阶跃响应曲线如图 6-20 所示。

若要绘制系统在指定时间（0~10s）内的响应曲线，则只需要将上面 MATLAB 调用语句中的 step（num, den）换成以下语句：

t＝0：0.1：10;

step(num, den, t)

即可得到系统的单位阶跃响应曲线在 0~10s 间的部分，如图 6-21 所示。

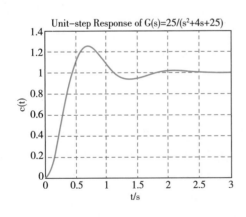

图 6-20　二阶系统的单位阶跃响应　　　　图 6-21　定义时间范围的单位阶跃响应

可以用 text 命令在图上的任何位置加标注。例如：

text(3.4, -0.06,'Y1')%在坐标点 x＝3.4, y＝-0.06 上书写出'Y1'

text(3.4, 1.4,'Y2')% 在坐标点 x＝3.4, y＝1.4 上书写出'Y2'

②脉冲响应

求系统脉冲响应的指令有：

impulse（num, den）%时间向量 t 的范围由软件自动设定，阶跃响应曲线随机绘出

impulse（num，den，t）%时间向量 t 的范围可以由人工给定（例如 t＝0：0.1：10）

[y，x]＝impulse（num，den）%返回变量 y 为输出向量，x 为状态向量

[y，x，t]＝impulse（num，den，t）%向量 t 表示脉冲响应进行计算的时间

例 6-1 试求下列系统的单位脉冲响应。

$$\frac{C(s)}{R(s)} = G(s) = \frac{1}{s^2 + 0.2s + 1}$$

解：方法一：在 MATLAB 中输入以下语句。

num＝[0　0　1]；

den＝[1　0.2　1]；

impulse（num，den）

grid on

title（'Unit-impulse Response of G(s)＝1/(s^2+0.2s+1)'）

由此得到的单位脉冲响应曲线如图 6-22 所示。

方法二：

应当指出，当初始条件为零时，$G(s)$ 的单位脉冲响应与 $sG(s)$ 的单位阶跃响应相同。在例 6-1 中求系统的单位脉冲响应，因为对于单位脉冲输入量，$R(s) = 1$ 所以

$$\frac{C(s)}{R(s)} = C(s) = G(s) = \frac{1}{s^2 + 0.2s + 1} = \frac{s}{s^2 + 0.2s + 1} \cdot \frac{1}{s}$$

因此，可以将 $G(s)$ 的单位脉冲响应变换成 $sG(s)$ 的单位阶跃响应。

向 MATLAB 输入下列 num 和 den，给出阶跃响应命令，可以得到系统的单位脉冲响应曲线如图 6-23 所示。

num＝[0　1　0]；

den＝[1　0.2　1]；

step（num，den）

grid on

title（'Unit-step Response of sG(s)＝s/(s^2+0.2s+1)'）

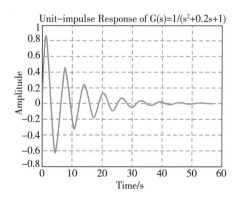

图 6-22　二阶系统的单位脉冲响应

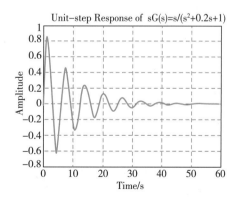

图 6-23　单位脉冲响应的另一种表示法

③斜坡响应

MATLAB 没有直接调用求系统斜坡响应的功能指令。在求取斜坡响应时，通常利用阶跃响应的指令。因为单位阶跃信号的拉氏变换为 $1/s$，而单位斜坡信号的拉氏变换为 $1/s^2$，所以，当求系统 $G(s)$ 的单位斜坡响应时，可以先用 s 除 $G(s)$，再利用阶跃响应命令，就能求出系统的斜坡响应。

例 6-2 试求下列闭环系统的单位斜坡响应。

$$\frac{C(s)}{R(s)} = \frac{1}{s^2 + s + 1}$$

解：对于单位斜坡输入量，$R(s) = 1/s^2$，因此

$$C(s) = \frac{1}{s^2 + s + 1} \cdot \frac{1}{s^2} = \frac{1}{(s^2 + s + 1)s} \cdot \frac{1}{s}$$

在 MATLAB 中输入以下命令，得到如图 6-24 所示的响应曲线。

num = $[0 \quad 0 \quad 0 \quad 1]$；
den = $[1 \quad 1 \quad 1 \quad 0]$；
step（num，den）
grid on
title（'Unit-Ramp Response Curve for System G（s）= 1/（s^2+s+1）'）

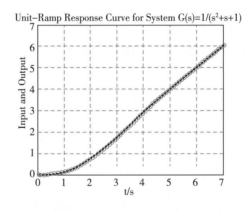

图 6-24　单位斜坡响应

（2）特征参量 ζ 和 ω_n 对二阶系统性能的影响

标准二阶系统的闭环传递函数为

$$\frac{C(s)}{R(s)} = \frac{\omega_n^2}{s^2 + 2\zeta\omega_n s + \omega_n^2}$$

二阶系统的单位阶跃响应在不同的特征参量下有不同的响应曲线。

①ζ 对二阶系统性能的影响

设定无阻尼自然振荡频率 $\omega_n = 1\text{rad/s}$，考虑 5 种不同的 ζ 值：$\zeta = 0$，0.25，0.5，1.0 和 2.0，利用 MATLAB 对每一种 ζ 求取单位阶跃响应曲线，分析参数 ζ 对系统的影响。

为便于观测和比较，在一幅图上绘出 5 条响应曲线（采用 "hold on" 命令实现）。

num = $[0 \quad 0 \quad 1]$；　den1 = $[1 \quad 0 \quad 1]$；　den2 = $[1 \quad 0.5 \quad 1]$；

den3＝［1　1　1］; den4＝［1　2　1］;　den5＝［1　4　1］;

t＝0: 0.1: 10;　　step(num, den1, t)

grid on

text(4, 1.7,'Zeta＝0');　hold on

step(num, den2, t)

text (3.3, 1.5,'0.25');　hold on

step(num, den3, t)

text (3.5, 1.2,'0.5');　hold on

step(num, den4, t)

text (3.3, 0.9,'1.0');　hold on

step(num, den5, t)

text (3.3, 0.6,'2.0');　hold on

title('Step-Response Curves for G(s)＝1/［s^2+2(zeta)s+1］')

由此得到的响应曲线如图 6-25 所示。

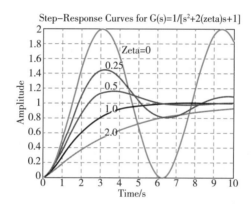

图 6-25 ζ 不同时系统的响应曲线

② ω_n 对二阶系统性能的影响

同理，设定阻尼比 ζ = 0.25 时，当 ω_n 分别取 1，2，3 时，利用 MATLAB 求取单位阶跃响应曲线，分析参数 ω_n 对系统的影响。

num1＝［0　0　1］;　den1＝［1　0.5　1］;

t＝0: 0.1: 10;　　　step(num1, den1, t);

grid on; hold on

text(3.1, 1.4,'wn＝1')

num2＝［0　0　4］;　den2＝［1　1　4］;

step(num2, den2, t); hold on

text(1.7, 1.4,'wn＝2')

num3＝［0　0　9］;　den3＝［1　1.5　9］;

step(num3, den3, t); hold on

text(0.5, 1.4,'wn＝3')

由此得到的响应曲线如图 6-26 所示。

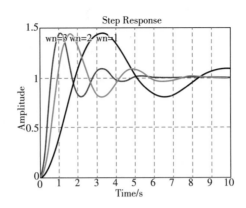

图 6-26　ω_n 不同时系统的响应曲线

6.4.3　实验内容

（1）观察函数 step( ) 和 impulse( ) 的调用格式，假设系统的传递函数模型为

$$G(s) = \frac{s^2 + 3s + 7}{s^4 + 4s^3 + 6s^2 + 4s + 1}$$

可以用几种方法绘制出系统的阶跃响应曲线？试分别绘制。

（2）典型二阶系统

二阶系统的传递函数为 $\Phi(s) = \dfrac{\omega_n^2}{s^2 + 2\zeta\omega_n s + \omega_n^2}$ ，仿真框图如图 6-27 所示。

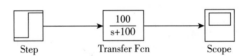

图 6-27　二阶系统仿真框图

①令 $\omega_n = 10$ 不变，ζ 取不同值：$\zeta_1 = 0$，$0 < \zeta_2$、$\zeta_3 < 1$，$\zeta_4 = 1$，$\zeta_5 > 1$，观察其单位阶跃响应曲线变化情况；

②令 $\zeta = 0$ 不变，ω_n 取不同值，观察其单位阶跃响应曲线变化情况；

③令 $\zeta = 0.2$ 不变，ω_n 取不同值，观察其单位阶跃响应曲线变化情况，并计算超调量 $\sigma\%$ 和 t_s ；

④令 $\omega_n = 10$ 不变，ζ（$0 < \zeta < 1$）取不同值，观察其单位阶跃响应曲线变化情况，并计算超调量 $\sigma\%$ 和 t_s 。

（3）比例-微分控制的二阶系统

比例-微分控制的二阶系统的结构图如图 6-28。

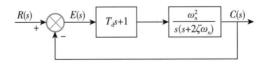

图 6-28　比例-微分控制的二阶系统的结构图

系统中加入比例-微分控制，使系统阻尼比增加，并增加一个闭环零点，试通过仿真比较典型二阶系统和比例-微分控制的二阶系统的单位阶跃响应的性能指标。

图 6-28 所示的控制系统，令 $\dfrac{\omega_n^2}{s(s+2\zeta\omega_n)} = \dfrac{25}{s(s+2)}$，$T_d = 0.1$，其中 $\omega_n = 5$，$\zeta = 0.2$，从 Simulink 图形库浏览器中拖曳 Step（阶跃输入）、Sum（求和）、Zero-Pole（零极点）、Scope（示波器）模块到仿真操作画面，连接成仿真框图如图 6-29 所示。图中用 Zero-Pole（零极点）模块建立传递函数 $G(s)$。

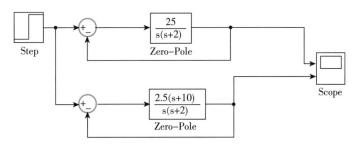

图 6-29　典型二阶系统和比例-微分控制的二阶系统比较仿真框图

（4）输出量速度反馈的二阶系统

输出量速度反馈的二阶系统的结构图如图 6-30 所示。

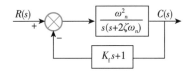

图 6-30　输出量速度反馈的二阶系统的结构图

系统中加入输出量的速度反馈控制，使系统阻尼比增加，试通过仿真比较典型二阶系统和输出量速度反馈控制的二阶系统的单位阶跃响应的性能指标。

令 $\dfrac{\omega_n^2}{s(s+2\zeta\omega_n)} = \dfrac{25}{s(s+2)}$，$K_f = 0.1$，其中 $\omega_n = 5$，$\zeta = 0.2$，建立仿真框图如图 6-31 所示，图中 $\dfrac{0.1s+1}{0.001s+1} \approx 0.1s+1$。

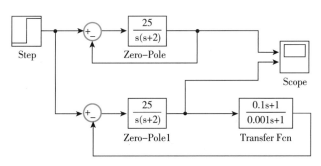

图 6-31　典型二阶系统和输出量速度反馈控制的二阶系统比较仿真框图

147

6.4.4　实验要求

（1）完成实验任务所有的仿真分析。

（2）撰写实验报告。

实验报告内容包括：

①实验题目和目的。

②实验原理。

③实验任务中要求的所有仿真框图和阶跃响应曲线。

④讨论下列问题：

a. 试讨论欠阻尼时参数 ω_n 对二阶系统阶跃响应曲线及性能指标 $\sigma\%$ 和 t_s 的影响；

b. 试讨论欠阻尼时参数 ζ 对二阶系统阶跃响应曲线及性能指标 $\sigma\%$ 和 t_s 的影响；

c. 试讨论二阶系统加入比例-微分控制后性能指标的变化；

d. 试讨论二阶系统加入带输出量速度反馈控制后性能指标的变化。

⑤实验体会。

6.5　自动控制系统的稳定性和稳态误差分析

6.5.1　实验目的

（1）研究高阶系统的稳定性，验证稳定判据的正确性。

（2）了解系统增益变化对系统稳定性的影响。

（3）观察系统结构和稳态误差之间的关系。

6.5.2　基础知识及 MATLAB 函数

欲判断系统的稳定性，只要求出系统的闭环极点即可，而系统的闭环极点就是闭环传递函数的分母多项式的根，可以利用 MATLAB 中的 tf2zp 函数求出系统的零极点，或者利用 root 函数求分母多项式的根来确定系统的闭环极点，从而判断系统的稳定性。

（1）直接求根判稳 roots()

控制系统稳定的充要条件是其特征方程的根均具有负实部。因此，为了判别系统的稳定性，就要求出系统特征方程的根，并检验它们是否都具有负实部。MATLAB 中对多项式求根的函数为 roots()。

若求多项式 $s^4 + 10s^3 + 35s^2 + 50s + 24$ 的根，则所用的 MATLAB 指令为：

```
>>roots([1, 10, 35, 50, 24])
ans =
        -4.0000
        -3.0000
        -2.0000
```

-1.0000

特征方程的根都具有负实部，因而系统为稳定的。

（2）劳斯稳定判据 routh（ ）

劳斯判据的调用格式为：［r，info］= routh（den）

该函数的功能是构造系统的劳斯表。其中，den 为系统的分母多项式系数向量，r 为返回的劳斯表矩阵，info 为返回的劳斯表的附加信息。

以多项式 $s^4 + 10s^3 + 35s^2 + 50s + 24$ 为例，由劳斯判据判定系统的稳定性，所用的 MATLAB 指令为：

den = ［1，10，35，50，24］；

［r，info］= routh（den）

r =

```
1    35   24
10   50   0
30   24   0
42   0    0
24   0    0
```

info =

　　［ ］

由系统返回的劳斯表可以看出，其第一列没有符号的变化，系统是稳定的。

6.5.3　实验内容

（1）稳定性分析

①已知单位负反馈控制系统的开环传递函数为 $G(s) = \dfrac{0.2(s + 2.5)}{s(s + 0.5)(s + 0.7)(s + 3)}$，用 MATLAB 编写程序来判断闭环系统的稳定性，并绘制闭环系统的零极点图。

在 MATLAB 命令窗口写入程序代码如下：

z = -2.5；

p = ［0，-0.5，-0.7，-3］；

k = 0.2；

Go = zpk（z，p，k）；

Gc = feedback（Go，1）；

Gctf = tf（Gc）；

dc = Gctf. den；

dens = ploy2str（dc｛1｝，′s′）

运行结果如下：

dens =

s^4 + 4.2 s^3 + 3.95 s^2 + 1.25 s + 0.5

dens 是系统的特征多项式，接着输入如下 MATLAB 程序代码：

den = ［1，4.2，3.95，1.25，0.5］

```
p = roots(den)
```

运行结果如下：

```
p =
   -3.0058
   -1.0000
   -0.0971 + 0.3961i
   -0.0971 - 0.3961i
```

p 为特征多项式 dens 的根，即为系统的闭环极点，所有闭环极点都是负的实部，因此闭环系统是稳定的。

下面绘制系统的零极点图，MATLAB 程序代码如下：

```
z = -2.5
p = [0, -0.5, -0.7, -3]
k = 0.2
Go = zpk(z, p, k)
Gc = feedback(Go, 1)
Gctf = tf(Gc)
[z, p, k] = zpkdata(Gctf, 'v')
pzmap(Gctf)
grid on
```

运行结果如下：

```
z =
   -2.5000
p =
   -3.0058
   -1.0000
   -0.0971 + 0.3961i
   -0.0971 - 0.3961i
k =
   0.2000
```

输出零极点分布图如图 6-32 所示。

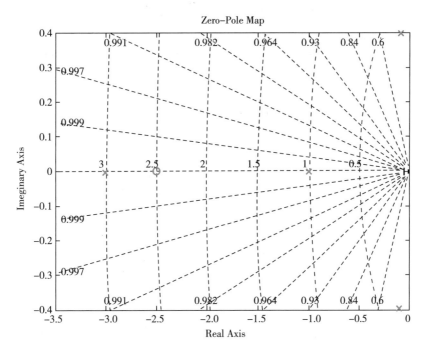

图6-32 零极点分布图

②已知单位负反馈控制系统的开环传递函数为 $G(s) = \dfrac{k(s + 2.5)}{s(s + 0.5)(s + 0.7)(s + 3)}$，当取 $k = 1$、10、100 时，用 MATLAB 编写程序来判断闭环系统的稳定性。

只要将①代码中的 k 值变为1、10、100，即可得到系统的闭环极点，从而判断系统的稳定性，并讨论系统增益 k 变化对系统稳定性的影响。

（2）稳态误差分析

①已知如图 6-33 所示的控制系统，其中 $G(s) = \dfrac{s + 5}{s^2(s + 10)}$，试计算当输入为单位阶跃信号、单位斜坡信号和单位加速度信号时的稳态误差。

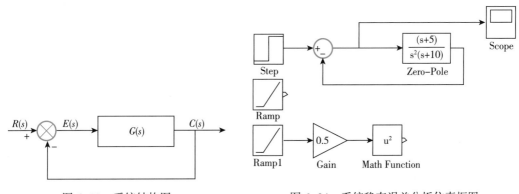

图6-33 系统结构图　　　　　　图6-34 系统稳态误差分析仿真框图

从 Simulink 图形库浏览器中拖曳 Sum（求和）、Zero-Pole（零极点）、Scope（示波

器）模块到仿真操作画面，连接成仿真框图如图 6-34 所示。图中，Zero-Pole（零极点）模块建立 $G(s)$，信号源选择 Step（阶跃信号）、Ramp（斜坡信号）和基本模块构成的加速度信号。为更好地观察波形，将仿真器参数中的仿真时间和示波器的显示时间范围设置为 0~300。

信号源选定 Step（阶跃信号），连好模型进行仿真，仿真结束后，双击示波器，输出图形如图 6-35 所示。

信号源选定 Ramp（斜坡信号），连好模型进行仿真，仿真结束后，双击示波器，输出图形如图 6-36 所示。

信号源选定加速度信号，连好模型进行仿真，仿真结束后，双击示波器，输出图形如图 6-37 所示。

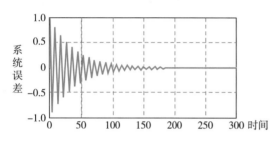

图 6-35　单位阶跃输入时的系统误差

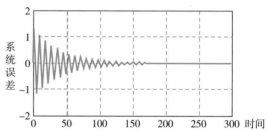

图 6-36　斜坡输入时的系统误差

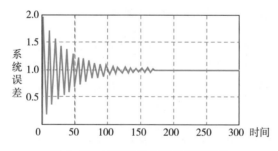

图 6-37　加速度输入时的系统误差

从图 6-35、6-36、6-37 可以看出不同输入作用下系统的稳态误差。系统是 II 型系统，因此在阶跃输入和斜坡输入下，系统稳态误差为零，在加速度信号输入下，存在稳态误差。

②将系统变为 I 型系统，$G(s) = \dfrac{5}{s(s+10)}$，在阶跃输入、斜坡输入和加速度信号输入作用下，通过仿真来分析系统的稳态误差。

6.5.4　实验要求

（1）完成实验任务中的所有内容。

（2）撰写实验报告。

实验报告内容包括：

①实验题目和目的。

②实验原理。

③实验任务中要求完成实验的程序代码、仿真框图、波形和数据结果。

④讨论下列问题：

a. 讨论系统增益 k 变化对系统稳定性的影响；

b. 讨论系统型数以及系统输入对系统稳态误差的影响。

⑤实验体会。

6.6 自动控制系统的频域分析

6.6.1 实验目的

（1）利用 MATLAB 绘制系统的频率特性图。

（2）根据 Nyquist 图判断系统的稳定性。

（3）根据 Bode 图计算系统的稳定裕度。

6.6.2 基础知识及 MATLAB 函数

频域分析法是应用频域特性研究控制系统的一种经典方法。它是通过研究系统对正弦信号下的稳态和动态响应特性来分析系统的。采用这种方法可直观地表达出系统的频率特性，分析方法比较简单，物理概念明确。

利用 MATLAB 绘制系统的频率特性图，是指绘制 Nyquist 图、Bode 图，所用到的函数主要是 nyquist、bode 和 margin 等。

（1）Nyquist 图的绘制及稳定性判断

nyquist 函数可以计算连续线性定常系统的频率响应，当命令中不包含左端变量时，仅产生 Nyquist 图。

MATLAB 中绘制系统 Nyquist 图的函数调用格式为：

nyquist(num, den)   ％频率响应 w 的范围由软件自动设定

nyquist(num, den, w)   ％频率响应 w 的范围由人工设定

[Re, Im] = nyquist(num, den)   ％返回奈氏曲线的实部和虚部向量，不作图

命令 nyquist(num, den)将画出下列传递函数的 Nyquist 图

$$GH(s) = \frac{b_m s^m + b_{m-1} s^{m-1} + \cdots + b_1 s + b_0}{a_n s^n + a_{n-1} s^{n-1} + \cdots + a_1 s + a_0}$$

其中 num = $[b_m \ b_{m-1} \cdots b_1 \ b_0]$，den = $[a_n \ a_{n-1} \cdots a_1 \ a_0]$。

例 6-3 已知系统的开环传递函数为 $G(s) = \dfrac{2s + 6}{s^3 + 2s^2 + 5s + 2}$，试绘制 Nyquist 图，并判断系统的稳定性。

解：num = [2 6];

den = [1 2 5 2];

```
[z, p, k]=tf2zp(num, den); p
nyquist(num, den)
```

极点的显示结果为：

p =

　　−0.7666 + 1.9227i

　　−0.7666 − 1.9227i

　　−0.4668

绘制的 Nyquist 图如图 6-38 所示。由于系统的开环右根数 $P = 0$，系统的 Nyquist 曲线没有逆时针包围（−1，j0）点，所以闭环系统稳定。

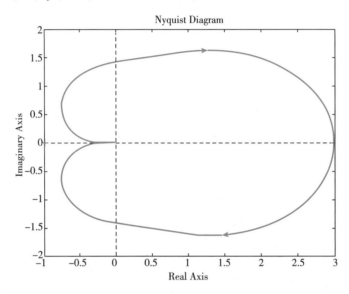

图 6-38　系统的 Nyquist 图

若例 6-3 要求绘制 $\omega \in (10^{-2}, 10^3)$ 间的 Nyquist 图，则对应的 MATLAB 语句为：

```
num=[2 6];
den=[1 2 5 2];
w=logspace(-2, 3, 100);%即在 10⁻² 和 10³ 之间，产生 100 个等距离的点
nyquist(num, den, w)
```

（2）Bode 图的绘制与分析

系统的 Bode 图又称为系统频率特性的对数坐标图。Bode 图有两张图，分别绘制开环频率特性的幅值和相位与角频率 ω 的关系曲线，称为对数幅频特性曲线和对数相频特性曲线。

MATLAB 中绘制系统 Bode 图的函数调用格式为：

```
bode(num, den)              %频率响应 w 的范围由软件自动设定
bode(num, den, w)          %频率响应 w 的范围由人工设定
[mag, phase, w]=bode(num, den, w)   %指定幅值范围和相角范围的 Bode 图
```

例 6-4　已知开环传递函数为 $G(s) = \dfrac{30(0.5s + 1)}{s(s^2 + 16s + 100)}$，试绘制系统的 Bode 图。

```
num=[0   0   15   30];
den=[1   16   100   0];
w=logspace(-2, 3, 100);
bode(num, den, w)
grid on
```

绘制的 Bode 图如图 6-39（a）所示，其频率范围由人工选定，而 Bode 图的幅值范围和相角范围是自动确定的。

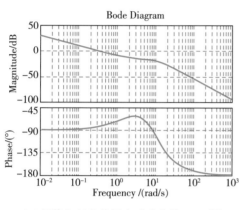

（a）幅值和相角范围自动确定的 Bode 图　　　　（b）指定幅值和相角范围的 Bode 图

图 6-39

当需要指定幅值范围和相角范围时，则需用下面的功能指令：

[mag, phase, w]=bode(num, den, w)

mag, phase 是指系统频率响应的幅值和相角，由所选频率点的 w 值计算得出。其中，幅值的单位为 dB，它的算式为 magdB=20lg10(mag)。

指定幅值范围和相角范围的 MATLAB 调用语句如下，图形如图 6-39（b）所示。

```
num=[0   0   15   30];
den=[1   16   100   0];
w=logspace(-2, 3, 100);
[mag, phase, w]=bode(num, den, w);%指定 Bode 图的幅值范围和相角范围
subplot(2, 1, 1);%将图形窗口分为 2*1 个子图，在第 1 个子图处绘制图形
semilogx(w, 20*log10(mag));%使用半对数刻度绘图，X 轴为 log10 刻度，Y 轴为线
性刻度
grid on
xlabel('w/s^-1'); ylabel('L(w)/dB');
title('Bode Diagram of G(s)=30(1+0.5s)/[s(s^2+16s+100)]');
subplot(2, 1, 2);%将图形窗口分为 2*1 个子图，在第 2 个子图处绘制图形
semilogx(w, phase);
grid on
xlabel('w/s^-1'); ylabel('φ/(°)');
```

注意：半 Bode 图的绘制可用 semilogx 函数实现，其调用格式为 semilogx(w，L)，其中 L = 20 * log10(abs(mag))。

6.6.3 实验内容

（1）Nyquist 图的绘制及稳定性判断

①已知某控制系统的开环传递函数为 $G(s) = \dfrac{50}{(s+5)(s-2)}$，用 MATLAB 绘制系统的 Nyquist 图，并判断系统的稳定性。

MATLAB 程序代码如下：

```
num = [50]
den = [1, 3, -10]
nyquist(num, den)
axis([-6 2 -2 0])
title('Nyquist 图')
```

执行该程序后，系统的 Nyquist 图如图 6-40 所示。

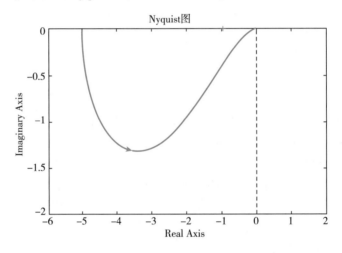

图 6-40　系统的 Nyquist 图

由图可知 Nyquist 曲线逆时针包围(-1，j0)点半圈，而开环系统在右半平面有一个极点，故系统稳定。

②已知系统的开环传递函数为 $G(s) = \dfrac{100k}{s(s+5)(s+10)}$，用 MATLAB 分别绘制 $k = 1$，8，20 时系统的 Nyquist 图，并判断系统的稳定性。

（2）Bode 图的绘制及稳定裕度的计算

①已知典型二阶环节的传递函数为 $G(s) = \dfrac{\omega_n^2}{s^2 + 2\zeta\omega_n s + \omega_n^2}$，其中 $\omega_n = 0.7$，分别绘制 $\zeta = 0.1$，0.4，1，1.6，2 时的 Bode 图。

MATLAB 程序代码如下：

```
w = [0, logspace(-2, 2, 200)]
```

```
wn = 0.7
zeta = [0.1, 0.4, 1, 1.6, 2]
for j = 1:5
sys = tf([wn * wn], [1, 2 * zeta(j) * wn, wn * wn])
bode(sys, w)
hold on
end
gtext('zeta = 0.1')
gtext('zeta = 0.4')
gtext('zeta = 1')
gtext('zeta = 1.6')
gtext('zeta = 2')
```

执行该程序后,系统的 Bode 图如图 6-41 所示。

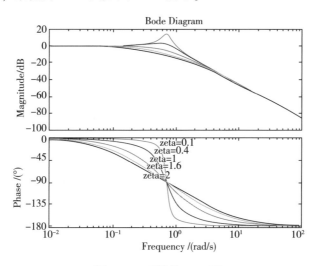

图 6-41　系统的 Bode 图

②已知某高阶系统的传递函数为 $G(s) = \dfrac{5(0.0167s + 1)}{s(0.03s + 1)(0.0025s + 1)(0.001s + 1)}$,绘制系统的 Bode 图,并计算系统的相位裕度和幅值裕度。

MATLAB 程序代码如下:

```
num = 5 * [0.0167, 1]
den = conv(conv([1, 0], [0.03, 1]), conv([0.0025, 1], [0.001, 1]))
sys = tf(num, den)
w = logspace(0, 4, 50)
bode(sys, w)
grid on
```

执行该程序后,系统的 Bode 图如图 6-42 所示。

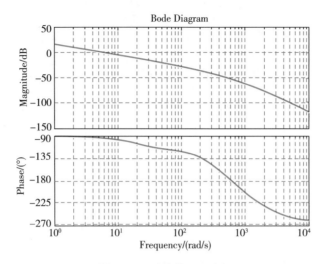

图 6-42　系统的 Bode 图

运行结果如下：

Gm =

　　455.2548

Pm =

　　85.2751

Wg =

　　602.4232

Wc =

　　4.9620

由运行结果可知，系统的幅值裕度 $L_g = 455.2548$，相位裕度 $\gamma = 85.2751°$，相角穿越频率 $\omega_g = 602.4262\text{rad/s}$，截止频率 $\omega_c = 4.962\text{rad/s}$。

③已知某高阶系统的传递函数为 $G(s) = \dfrac{100(0.5s + 1)}{s(s + 1)(0.1s + 1)(0.05s + 1)}$，绘制系统的 Bode 图，并计算系统的相位裕度和幅值裕度。

6.6.4　实验要求

（1）完成实验任务中所有的内容。

（2）撰写实验报告。

实验报告内容包括：

①实验题目和目的。

②实验原理。

③实验任务中要求完成实验的程序代码、结果图、结论和运行结果。

④讨论系统增益变化对系统稳定性的影响。

⑤实验体会。

6.7　控制系统的校正及设计

6.7.1　实验目的

（1）掌握串联校正环节对系统稳定性的影响。

（2）学会使用 SISO 系统设计工具（SISO Design Tool）进行系统设计。

6.7.2　基础知识及 MATLAB 函数

串联校正是指校正元件与系统的原来部分串联，如图 6-43 所示。

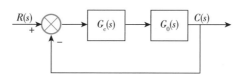

图 6-43　串联校正

图中，$G_c(s)$ 表示校正部分的传递函数，$G_0(s)$ 表示系统原来前向通路的传递函数。当 $G_c(s) = \dfrac{1 + aTs}{1 + Ts}(a > 1)$ 时，为串联超前校正；当 $G_c(s) = \dfrac{1 + aTs}{1 + Ts}(a < 1)$ 时，为串联滞后校正。

可以使用 SISO 系统设计串联校正环节的参数，SISO 系统设计工具是用于单输入单输出反馈控制系统补偿器设计的图形设计环境。通过该工具，用户可以快速完成以下工作：利用根轨迹法计算系统的闭环特性、针对开环系统 Bode 图的系统设计、添加补偿器的零极点、设计超前/滞后网络和滤波器、分析闭环系统响应、调整系统幅值或相位裕度等。

（1）打开 SISO 系统设计工具

在 MATLAB 命令窗口中输入 sisotool 命令，可以打开一个空的 SISO Design Tool，也可以在 sisotool 命令的输入参数中指定 SISO Design Tool 启动时缺省打开的模型。注意先在 MATLAB 的当前工作空间中定义好该模型。如图 6-44 为一个 DC 电机的设计环境。

（2）将模型载入 SISO 设计工具

通过 file/import 命令，可以将所要研究的模型载入 SISO 设计工具中。点击该菜单项后，将弹出 Import System Data 对话框，如图 6-45 所示。

（3）当前的补偿器（Current Compensator）

图 6-44 中当前的补偿器（Current Compensator）一栏显示的是目前设计的系统补偿器的结构。缺省的补偿器增益是一个没有任何动态属性的单位增益，一旦在根轨迹图和 Bode 图中添加零极点或移动曲线，该栏将自动显示补偿器结构。

（4）反馈结构

SISO Design Tool 在缺省条件下将补偿器放在系统的前向通路中，用户可以通过"+/-"按钮选择正负反馈，通过"FS"按钮在如图 6-46 所示的几种结构之间进行切换。

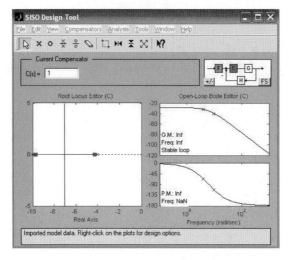

图 6-44　SISO 系统的 DC 电机设计环境

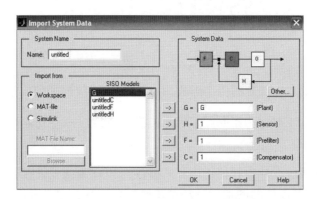

图 6-45　Import System Data 对话框

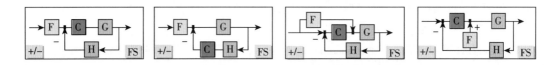

图 6-46　SISO Design Tool 中的反馈控制结构

6.7.3　实验内容

（1）图 6-43 所示的控制系统，原开环传递函数为 $G_0(s) = \dfrac{2}{s(0.1s+1)(0.3s+1)}$，试用 SISO 系统设计工具设计超前校正环节，使其校正后系统的静态速度误差系数 $K_v \leqslant 6$，相位裕度为 $45°$，并绘制校正前后的 Bode 图，计算校正前后的相位裕度。

①将模型载入 SISO 设计工具

在 MATLAB 命令窗口先定义好模型 $G_0(s) = \dfrac{2}{s(0.1s+1)(0.3s+1)}$，代码如下：

num = 2

den=conv([0.1, 1, 0], [0.3, 1])

G=tf(num, den)

得到结果如下：

Transfer function：

$$\frac{2}{0.03s^3 + 0.4s^2+s}$$

输入 sisotool 命令，可以打开一个空的 SISO Design Tool，通过 file/import 命令，可以将模型 G 载入 SISO 设计工具中。

②调整增益

根据要求，系统的静态速度误差系数 $K_v \le 6$，补偿器的增益应为 3，将 C(s)=1 改为 C(s)=3，如图 6-47 所示。从图中 Bode 相频图左下角可以看出相位裕度 $\gamma = 21.2°$，不满足要求。

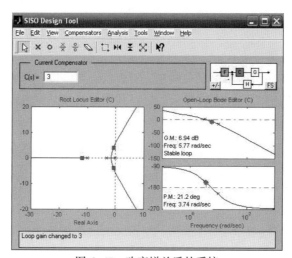

图 6-47　改变增益后的系统

③加入超前校正网络

在开环 Bode 图中点击鼠标右键，选择"Add Pole/Zero"下的"Lead"菜单，该命令将在控制器中添加一个超前校正网络。这时鼠标的光标将变成"X"形状，将鼠标移到 Bode 图幅频曲线上接近最右端极点的位置按下鼠标，得到如图 6-48 所示的系统。

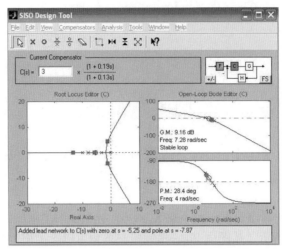

图 6-48　增加超前校正网络后的系统

从图中 Bode 相频图左下角可以看出相位裕度 $\gamma = 28.4°$，仍不满足要求，需进一步调整超前环节的参数。

④调整超前网络的零极点

将超前网络的零点移动到靠近原来最左边的极点位置，接下来将超前网络的极点向右移动，并注意移动过程中相位裕度的增长，一直到相位裕度达到 45°，此时超前网络满足设计要求，如图 6-49 所示。

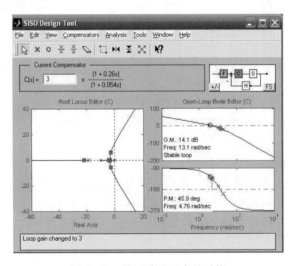

图 6-49　最后满足要求的系统

从图中可以看出，超前网络的传递函数为 $\dfrac{3(1+0.26s)}{(1+0.054s)}$，最后系统的 $K_v = 6$，$\gamma = 45.9°$。

（2）原开环传递函数为 $G_0(s) = \dfrac{k}{s(0.2s+1)}$，试用 SISO 系统设计工具设计超前校正环节，使其校正后系统的静态速度误差系数 $K_v \leqslant 100$，相位裕度为 30°，绘制校正前后的 Bode 图，并计算校正前后的相位裕度。

（3）使用 SISO Design Tool 设计直流电机调速系统。典型直流电机调速系统结构示意图如图 6-50 所示，控制系统的输入变量为输入电压 $U_a(t)$ ，系统输出是电机负载条件下的转动角速度 $\omega(t)$ 。现设计补偿器的目的是通过对系统输入一定的电压，使电机带动负载以期望的角速度转动，并要求系统具有一定的稳定裕度。

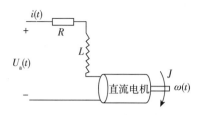

图 6-50 直流电机调速系统

直流电机动态模型本质上可以视为典型二阶系统，设某直流电机的传递函数为

$$G(s) = \frac{1.5}{s^2 + 14s + 40.02}$$

系统的设计指标为：上升时间 $t_r < 0.5s$ ，稳态误差 $e_{ss} < 5\%$ ，最大超调量 $\sigma\% < 10\%$ ，幅值裕度 $L_g > 20dB$ ，相位裕度 $\gamma > 40°$ 。

系统设计步骤：

①调整补偿器的增益

如果对该系统进行时域仿真，可发现其阶跃响应时间很长，提高系统响应速度的最简单方法就是增加补偿器增益的大小。在 SISO 设计工具中可以很方便地实现补偿器增益的调节：将鼠标移动到 Bode 幅值线上，按下鼠标左键抓取 Bode 幅值线，向上拖动，释放鼠标，系统自动计算改变的系统增益和极点。

既然系统要求上升时间 $t_r < 0.5s$ ，应调整系统增益，使得系统的穿越频率 ω_c 位于 3rad/s 附近。这是因为 3rad/s 的频率位置近似对应于 0.33s 的上升时间。

为了更清楚地查找系统的穿越频率，点击鼠标右键，在快捷菜单中选择"Grid"命令，将在 Bode 图中绘制网格线。

观察系统的阶跃响应，可以看到系统的稳态误差和上升时间已得到改善，但要满足所有的设计指标，还应加入更复杂的控制器。

②加入积分器

点击鼠标右键，在弹出的快捷菜单中选择"Add Pole/Zero"下的"Integrator"菜单，这时系统将加入一个积分器，系统的穿越频率随之改变，应调整补偿器的增益将穿越频率调整回 3rad/s 的位置。

③加入超前校正网络

为了添加一个超前校正网络，在开环 Bode 图中点击鼠标右键，选择"Add Pole/Zero"下的"Lead"菜单，该命令将在控制器中添加一个超前校正网络。这时鼠标的光标将变成"X"形状，将鼠标移到 Bode 图幅频曲线上接近最右端极点的位置按下鼠标。

从 Bode 图中可以看出幅值裕度还没有达到要求，还需进一步调整超前环节的参数。

④移动补偿器的零极点

为了提高系统的响应速度，将超前网络的零点移动到靠近电机原来最左边的极点位置，接下来将超前网络的极点向右移动，并注意移动过程中幅值裕度的增长。也可以通过调节增益来增加系统的幅值裕度。

试按照上述方法调整超前网络参数和增益，最终满足设计的要求。

6.7.4 实验要求

（1）完成设计任务中所有的内容。

（2）撰写实验报告。

①实验题目和目的。

②设计原理。

③超前网络设计中的设计过程、网络传递函数、校正前后的 Bode 图及相位裕度。

④直流电机调速系统设计中的设计过程、补偿器的传递函数及最终的各性能指标。

⑤设计体会。

6.8 数字 PID 控制

6.8.1 实验目的

（1）了解 PID 控制器中 P、I、D 三种基本控制作用对控制系统性能的影响。

（2）进行 PID 控制器参数工程整定技能训练。

6.8.2 基础知识

比例-积分-微分（PID）控制器是工业控制中常见的一种控制装置，它广泛用于化工、冶金、机械等工业过程控制系统中。PID 有几个重要的功能：提供反馈控制、通过积分作用消除稳态误差、通过微分作用预测将来以减小动态偏差。PID 控制器作为最常用的控制器，在控制系统中所处的位置如图 6-51 所示。

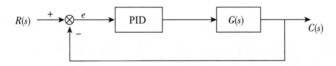

图 6-51 PID 在控制系统中所处的位置

PID 控制器的传递函数表达式为：$G_c(s) = K_P(1 + \dfrac{1}{K_I s} + K_D s)$

PID 控制器的整定就是针对具体的控制对象和控制要求调整控制器参数，求取控制质量最好的控制器参数值，即确定最适合的比例系数 K_P、积分时间 T_I 和微分时间 T_D。

（1）PID 控制器模型的建立

按图 6-52 组成 PID 控制器，其传递函数表达式为 $G_c(s) = K_P(1 + \dfrac{1}{T_I s} + \dfrac{K_D T_D s}{1 + T_D s})$。对

于实际的微分环节，可将分子、分母同除以 T_D，传递函数变为 $G_c(s) = K_P(1 + \dfrac{1}{T_I s} +$

$\dfrac{K_D s}{\dfrac{1}{T_D}+s}$），如果要改变 PID 的参数 T_D，K_D，T_I，K_P，只要改变模块的分子、分母多项式的系数即可。

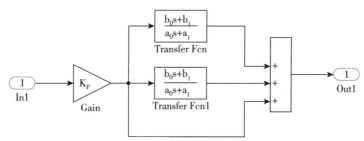

图 6-52 PID 控制器的实现

图 6-52 中，Gain 模块的增益值对应于 K_P 参数，积分环节和微分环节可以通过传递函数模块来实现。在 Transfer Fcn 模块中，令 $b_0 = K_D$，$b_1 = 0$，$a_0 = 1$，$a_1 = 1/T_D$，可得微分控制器；在 Transfer Fcn1 模块中，令 $b_0 = 0$，$b_1 = 1$，$a_0 = T_I$，$a_1 = 0$，可得积分控制器。然后据 T_D，K_D，T_I，K_P 参数调整要求，修改对应的 b_0，b_1，a_0，a_1 值，对系统进行整定。

（2）PID 控制器的参数整定

采用经验公式和实践相结合的方法进行 PID 控制器的参数整定。

①衰减曲线经验公式法

在闭环控制系统中，先将控制器变为纯比例作用，并将比例度预置在较大的数值上。在达到稳定后，用改变给定值的方法加入阶跃干扰，观察被控变量曲线的衰减比，然后从大到小改变比例度，直至出现 4∶1 衰减比为止，记下此时的比例度 δ_s（称为 4∶1 衰减比例度），从曲线上得到衰减周期 T_s。最后根据经验公式，求出控制器的参数整定值。

比例度系数　　　　$\delta = 0.8\delta_s$

积分时间　　　　　$T_I = 0.3T_s$

微分时间　　　　　$T_D = 0.1T_s$

②实践整定法

先用经验公式法初定 PID 参数，然后微调各参数并观察系统响应变化，直至得到较理想的控制性能。

例 6-5 已知系统框图如图 6-53 所示，采用 PID 控制器，使得控制系统的性能达到最优。

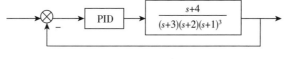

图 6-53 系统框图

解：①建模

首先建立加入 PID 控制器的系统模型，框图如图 6-54 所示，图中 Transfer Fcn 对应积分环节，Transfer Fcn1 对应微分环节。在未加 PID 控制器的情况下，获取输出波形如图 6-55 所示。图中，系统的稳态误差较大，非理想状态。

自动控制系统及仿真技术

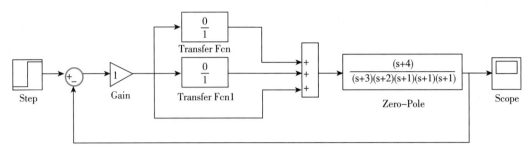

图 6-54　PID 控制器的建模

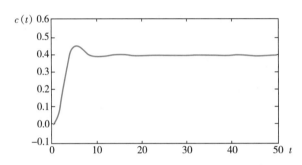

图 6-55　未加 PID 控制器的输出

②整定

根据衰减曲线经验公式法，首先令积分环节和微分环节模块不发生作用，如图 6-54
所示，单独调节比例参数，大约在 $K = 2.71$ 时，出现了 4∶1 的衰减比，此时，根据经验
公式换算相关参数，直接设定积分和微分环节的参数，微调，直到达到最佳状态为止。整
定好的 PID 控制系统如图 6-56 所示，示波器的输出波形如图 6-57 所示。

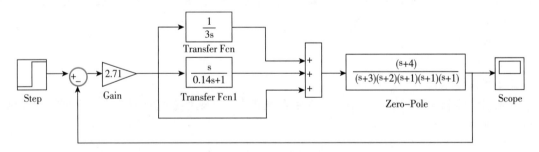

图 6-56　PID 控制参数整定结果

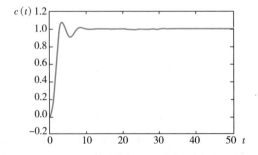

图 6-57　PID 控制器整定后的输出

③结果分析

最后达到系统的稳态误差为0，超调量为4%左右，接近理想系统的输出状态。

6.8.3　实验内容

对如图6-58所示的系统，整定各PID参数，使得控制系统性能达到最优（即系统稳态误差最小、超调量小、调整时间短等）。

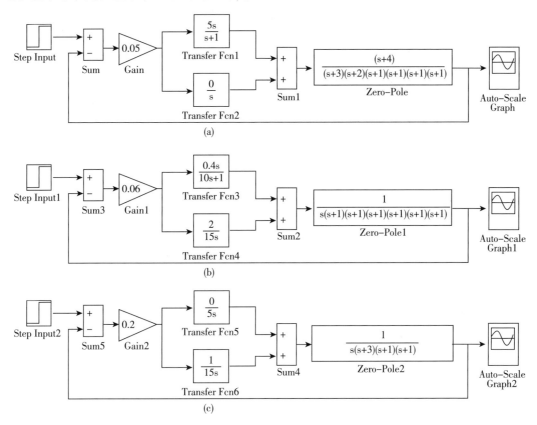

图6-58　PID控制系统图

6.8.4　实验要求

（1）写出控制得到的三组最优T_D，K_D，T_I，K_P值，要求三个环节都用上，并画出对应的响应曲线。

（2）指出这三种系统分别为几型系统。

（3）分别画出P、I、D三种控制器单独作用下的输出波形图，并分析三种控制器对系统性能的影响。

本章小结

（1）本章介绍了 Simulink 仿真集成环境，Simulink 是一种可视化仿真工具，用于多域仿真以及基于模型的设计，同时提供图形编辑器、可定义的模块库和求解器，能够进行动态系统建模和仿真。

（2）本章介绍了运用 MATLAB 和 Simulink 工具对一、二阶自动控制系统进行建模和仿真，以及对一般自动控制系统进行时域分析和频域分析的方法。

参考文献

［1］胡寿松．自动控制原理［M］．7 版．北京：科学出版社，2019 年．

［2］黄忠霖，周向明．控制系统 MATLAB 计算及仿真［M］．北京：国防工业出版社，2001 年．

［3］张志涌，杨祖樱．MATLAB 教程［M］．北京：北京航空航天大学出版社，2006 年．

［4］黄坚．自动控制原理及其应用［M］．4 版．北京：高等教育出版社，2014 年．

［5］卢京潮．自动控制原理［M］．北京：清华大学出版社，2018 年．

［6］法里德·高那菲，本杰明·C. 郭．自动控制系统［M］．北京：机械工业出版社，2020 年．